Christian Brüning
Wunder aus dem Pflanzenreiche

Christian Brüning

Wunder aus dem Pflanzenreiche

ISBN/EAN: 9783955620646

Auflage: 1

Erscheinungsjahr: 2013

Erscheinungsort: Bremen, Deutschland

@ Bremen-university-press in Access Verlag GmbH, Fahrenheitstr. 1, 28359 Bremen. Alle Rechte beim Verlag und bei den jeweiligen Lizenzgebern.

Wunder aus dem
— Pflanzenreiche. —

Für die Jugend herausgegeben
von **Christian Brüning.**

Mit 6 Bunt-, 4 Ton- und 7 Vollbildern, sowie 75 Textillustrationen.

Loewes Verlag Ferdinand Carl.

Stuttgart.

Der Wald im Frühling.

Vorwort.

Allerorten erschallt der Ruf: „Zurück zur Natur!" und überall folgt man freudig diesem Streben. In der Schule hat man die alte Methode über Bord geworfen und neue Bahnen eingeschlagen. Die Eltern, denen die Botanik in ihrer Jugend durch ödes Nachzählen der Staubfäden und Stempel und durch langweilige Beschreibungen einzelner Pflanzenteile verleidet wurde, hören und sehen mit Erstaunen, wie unter dem Zeichen des neuen Unterrichts das Interesse der Kinder mächtig geweckt, wie die Pflanze, an der man sonst achtlos vorüberging, mit andern Augen betrachtet, zum lebenden Wesen wird. Wie gerne würde wohl mancher Vater und manche Mutter und andere, die dem Forschungstrieb des Kindes nicht gleichgültig und fremd gegenüberstehen, mit den Kleinen an der Hand durch Garten und Aue wandeln und sie die Gebilde der Natur und ihr Leben beobachten und verstehen lehren, wenn ihnen selbst nur ein Fingerzeig gegeben würde, wie sie es anzufangen hätten. Diesem Zweck soll das vorliegende Büchlein dienen. Es soll nicht ein systematischer Leitfaden sein oder eine Reihe von gelehrten Abhandlungen, sondern nur ein Versuch, der Jugend einen ersten Einblick zu geben in Pflanzenwelt und Pflanzenleben, und so ein Fundament zu gründen, auf dem später weitergebaut werden kann. Darum ist auch besonders Gewicht auf Illustrationen gelegt worden, damit das Bild als belebendes Anschauungsmittel überall dem Worte helfend und fördernd zur Seite stehe.

Der Verfasser.

Inhaltsverzeichnis.

Erster Abschnitt:
Vom Bau und Leben der Pflanzen.

Seite

1. Die Hausfrau (Vorratskammern der Pflanzen) 3
2. Säuglingsnahrung (Keimung der Bohne) 5
3. Winterkleidung (Knospenschutz) 8
4. Die Küche der Pflanze (Blattgrün — Schmarotzerpflanzen) 11
5. Die Pflanze atmet 13
6. Der Laubfall 16
7. Immergrüne Pflanzen 17
8. Wasserverdunstung 18
9. Wasserleitungen (Pfahl- und Tauwurzeln) 20
10. Regenschutz der Blüten 23
11. Der Krämer (Insektenbestäubung) 24
12. Faule Kundschaft (Schutz gegen kriechende Insekten) 26
13. Was bringt der Wind fürs Kind? (Windbestäubung) 29
14. Die schlaue Erdbeere 32
15. Schutzfärbung und Abschreckungsmittel 36
16. Wanderburschen (Verbreitung der Pflanzen) 38
17. Nahrungsmittel aus dem Pflanzenreiche 40

Zweiter Abschnitt:
Die wichtigsten Familien der Blütenpflanzen.

18. Von den Blütenpflanzen 45
19. Hahnenfußgewächse 48
20. Kreuzblütler 53
21. Veilchengewächse 56
22. Doldengewächse 58
23. Rosenartige Gewächse 61
24. Steinbrechgewächse 66
25. Schmetterlingsblütler 68
26. Rebengewächse 72
27. Heidekrautgewächse 74

Inhaltsverzeichnis.

Seite
28. Nachtschattengewächse 79
29. Giftpflanzen 83
30. Korbblütler 87
31. Lippen= und Rachenblütler 90
32. Weidengewächse 93
33. Becherfrüchtler 97
34. Knöterichgewächse 98
35. Von den Gespinstpflanzen 101
36. Der Getreideacker 104
37. Die Süßgräser 111
38. Liliengewächse 115
39. Blütenpflanzen im Sumpf 118
40. Die Nadelhölzer 124
41. Der Wald 128
42. Blütenkalender der bekanntesten Pflanzen 133

Dritter Abschnitt:
Etwas von den blütenlosen Pflanzen.

43. Hutpilze 141
44. Pilze als Feinde und Freunde der Menschen 148
45. Flechten 152
46. Algen 156
47. Die Moose (Torf und Braunkohle) 158
48. Farne und Schachtelhalme (Steinkohle) 161

Vierter Abschnitt:
Sonderlinge unter den Pflanzen.

49. Der Wurmfarn, eine Schattenpflanze 167
50. Ein Mückengefängnis (Aronstab) 170
51. Der Mauerpfeffer, eine Ödpflanze 174
52. Der Wasserhahnenfuß 177
53. Der Efeu, ein Scheinschmarotzer 180
54. Orchideen, Urwaldbewohner und Überpflanzen 183
55. Die Mistel, ein Schmarotzer 185
56. Der Sonnentau, ein Fleischfresser 188
Alphabetisches Sachregister 191

Erster Abschnitt:

Vom Bau und Leben der Pflanzen.

Tulpe.
(½ nat. Größe.)

1. Die Hausfrau.

Es war einmal eine Hausfrau, die sagte zu ihren Kindern: „Ihr müßt hingehen zum Schlächter und zum Bäcker und zum Krämer und zum Milchmann, und müßt Fleisch, Brot, Salz, Milch und Butter holen, daß wir etwas zu essen haben, denn wir sind hungrig." Da liefen die Kinder und besorgten alles. Die Mutter machte ein feines Mahl davon, und sie wurden alle satt. Dann räumte die Mutter den Tisch ab und brachte, was übrig geblieben war, in die Speisekammer. Als es Abend wurde, gingen sie zu Bett und schliefen die ganze Nacht bis zum Morgen.

Es war aber keine wirkliche Hausfrau, von der wir erzählen, sondern eine Blume, und sie hieß Frau Tulpe. Die schickte ihre Kinder, all die feinen Würzelchen, hinein in die

Erde, damit sie Speise holten, und sie brachten reichlich. So wurden sämtliche Teile der Tulpe versorgt und gediehen prächtig. Aber die Wurzeln hatten so viele Nahrung herbeigeschafft, daß lange nicht alles verbraucht werden konnte. Darum machte es die Tulpe wie eine sparsame Hausfrau, sie brachte den Überschuß in die Speisekammer, nämlich in ihre Zwiebel. Dann kamen Abend und Nacht, das sind für die Blumen der Herbst und der Winter. In dieser Zeit schlafen sie. Der Frühling ist der Morgen. Ganz früh wachte die Tulpe wieder auf. Jetzt konnte sie ihre Kinder noch nicht hinausschicken, um Nahrung zu holen, denn ganz früh am Morgen sind die Läden noch nicht geöffnet, d. h. die Erde ist noch hart gefroren, und darum können die Wurzeln nicht hineindringen. Aber die Tulpe sagte: „Das tut nichts, deshalb brauchen wir nicht zu hungern!" Sie öffnete ihre Speisekammer und nahm Nahrung aus ihrer Zwiebel. Davon gab sie ihrem Stengel, und er ward stark und wuchs hervor aus der Erde, und es bildeten sich grüne Blätter und eine Knospe. Diese öffnete sich bald und wurde zu einer herrlichen Blüte. Aber es dauerte nicht lange, so war die Speise in der Zwiebel aufgezehrt. Da sagte die Tulpe zu ihren Wurzelkindern: „Gehet hin und holet uns zu essen, denn nun werden die Läden wohl offen sein!" Alsbald streckten sich die Würzelchen und drangen ein in die Erde und holten neue Nahrung, denn der Frühling war gekommen und hatte den Frost vertrieben.

Die Tulpe ist aber nicht die einzige Hausfrau unter den Pflanzen, die eine Speisekammer hat. Auch das Schneeglöckchen, die Hyazinthe, der Krokus und überhaupt alle Zwiebelgewächse sind damit versehen. Andere Pflanzen **benutzen ihren Wurzelstock als Vorratskammer**, wie z. B. das Buschwindröschen, die Primel, das Veilchen, die Rübe, der Rettich und noch viele andere. Die Bäume und Sträucher aber speichern den Überschuß auf in dem **Splint oder Jungholz**.

Das haben nun die Menschen entdeckt und ihren Nutzen daraus gezogen. Sie nehmen vielen Pflanzen ihre Vorratskammern und verbrauchen die darin enthaltene Nahrung für sich, denn sie essen die **Zwiebeln**, die **Knollen der Kartoffelpflanzen** und die **Wurzelstöcke der Rüben und Radieschen** und mancher anderer Pflanzen.

2. Säuglingsnahrung.

Baby liegt im Bettchen und schreit. Was will Baby? Es ist hungrig. Da kommt die Mama und gibt ihm die Milchflasche. Baby trinkt sich satt und schläft ein. Wenn es größer ist, bekommt es andere Nahrung. Es wächst tüchtig und wird ein gesunder, kräftiger Junge.

Wie das Kindlein im Bettchen, liegt der Pflanzenkeim in der Erde. Er kann sich noch nicht selbst ernähren, sondern ein anderer muß ihm Speise reichen. Darauf hat die Mutterpflanze wohl Bedacht genommen, und wie die Mama dem Kindchen seine Milchflasche mit ins Bett gibt, so hat auch sie ihren Samen gleich die Nahrung mitgegeben. So machen es Apfel- und Birnbaum, Kirsche und Pflaume, Eiche und Buche, Gurke und Kürbis, Erbse und Bohne und viele, viele andere Pflanzen.

Wir wollen eine weiße Bohne keimen lassen. Zu diesem Zweck legen wir sie in Wasser und beobachten, was nun geschieht. Nach einigen Stunden wird sie ganz runzlig aussehen und zwar an den schmalen Seiten zuerst. Das kommt von dem Wasser, das durch ihre Haut eingedrungen ist. Ebenso geht es mit den Bohnen, die man in die Erde pflanzt. Die Bohne wird größer und schwerer, und schließlich platzt die Samenhaut, und ein Würzelchen kommt zum Vorschein und dringt ein in die Erde. Es geht tiefer und tiefer und bekommt eine Menge Nebenwurzeln, die nach allen Seiten von ihm ausgehen. Auch nach oben wächst die Bohnenpflanze. Der Stengel, an dessen Spitze sich eine Knospe befindet, die noch in der alten Bohne eingeschlossen ist, bricht aus der Erde hervor. Noch ist er hakenförmig gekrümmt, aber bald streckt er sich gerade und zieht die Bohne mit heraus. Diese geht nun in zwei Hälften auseinander, die als dicke Keimblätter unterhalb der aus der Knospe entstandenen Laubblätter am Stengel sitzen bleiben. In den Keimblättern ist von der Mutterpflanze die Säuglingsnahrung aufgespeichert worden. Würde man sie abbrechen, so müßte das junge Pflänzlein verhungern, denn die Wurzel ist noch nicht imstande, es zu ernähren. Aus ihnen saugt das Bohnenpflänzchen durch den Stengel die Nahrung, wie das Kindchen die Milch aus der Flasche. Können die Keimblätter nichts mehr hergeben, so sind sie ganz

Säuglingsnahrung. 7

zusammengeschrumpft, und schließlich fallen sie ab. Sie werden nun auch nicht mehr gebraucht, denn die Pflanze verschafft sich

Junge Bohnenpflanzen mit den beiden Keimblättern. (Nat. Größe.)

jetzt ihre Speise durch die Wurzel aus der Erde, gerade wie das Kindlein nicht mehr die Flasche bekommt, wenn es anfängt zu essen.

Wir Menschen wissen wohl, welch kräftige Nahrung in den Keimblättern steckt, darum essen wir Bohnen und Linsen, und der Soldat kocht sich seine Erbswurst.

3. Winterkleidung.

Wenn der Sommer vergangen und der Herbst eingezogen ist mit seinem rauhen Wetter, so werden die leichten Sommerkleider abgelegt, und die Mutter sucht warmes Unterzeug hervor, daß es die Kinder nicht friert. Sie tragen nun dickere Winterstoffe, und wenn ausgegangen werden soll, so holt die Mama aus dem Kleiderschranke noch den Wintermantel, die Pelzmütze und die wollenen Handschuhe. Jetzt kann es getrost auf die Eis- oder Schlittenbahn gehen, oder man kann am Abend in die hell erleuchteten Schaufenster gucken, wo all die schönen Sachen stehen, die der Weihnachtsmann den Kleinen bringt. Wenn auch der Wind pfeift und die weißen Flocken wirbeln, wenn auch der Frost Blumen an die Fensterscheiben malt und der Schnee unter den Füßen knirscht, es tut dem Kinde nichts, denn dieses ist wohlverwahrt vom Kopf bis zu den Füßen. Steht aber die liebe Sonne wieder höher am Himmel, schmücken sich Bäume und Sträucher mit frischem Grün, singen draußen der Starmatz, der Fink und die Lerche, dann wird es dem Kinde zu unbequem in der dicken Winterkleidung. Es läßt sie fort und macht sich leichter und freier, daß es mit springen und singen kann voll Frühlingsluft.

Draußen in den Anlagen, wo am Sonntag die Leute

Aufbrechende Knospen der Roßkastanie. (Nat. Größe.)

spazieren gehen, steht ein großer Baum. Seine Blätter sehen fast aus wie die Finger an einer Hand, und sie sitzen so dicht an seinen Zweigen, daß man nicht durch seine Krone hindurchsehen kann. Darum steht auch unter ihm eine Bank, auf der die Großen und Kleinen sich ausruhen können im kühlen Schatten. Aber den prächtigsten Anblick bietet der Baum im Monat Mai. Dann sieht er aus wie ein riesiger Weihnachtsbaum, denn seine mächtige Krone ist geschmückt mit Hunderten von aufrechtstehenden Blütensträußen, deren weiße, mit roten Flecken gezierten Blütenblätter sie wie Kerzen am Christbaum erscheinen lassen. Der Baum ist die Roßkastanie. — Wenn aber der Sommer zu Ende ist, die Früchte zur Erde fallen und der Herbstwind mit dem Laube sein Spiel treibt, dann hat Frau Kastanie in ihrem großen Hause viel tausend Kinder. Die nennen wir die Knospen. Was soll aus ihnen werden, wenn der harte Winter kommt mit Schneesturm und Frost? Nur unbesorgt! Die Kastanie ist eine sorgsame Mutter, die wohl weiß, was ihren Kindlein gut ist. Sie hat ihnen warmes Unterzeug gegeben und feste Oberkleider und darüber einen schützenden Wintermantel, daß die Unbill des Wetters ihnen nichts anhaben kann. Die Knospe ist umgeben von derben braunen Hüllblättern, und die jungen Zweiglein und Laubblättchen und Blütlein, die in dieser Hülle stecken, tragen ein dichtes, warmes Haarkleid als Unterzeug. Wo ist denn aber der Wintermantel? Auch einen solchen hat die Knospe, denn sie ist von oben bis unten versehen mit einem Harzüberzug, der jedes Ritzlein dicht macht und weder Regen noch Schnee eindringen läßt und dem schlimmen Ostwind wehrt, die jungen Triebe auszutrocknen. Mag der Winter tun, was er will, den Knospen kann er nichts anhaben. — Endlich wehen wieder die linden Westwinde, und die Sonne scheint wärmer. Die Knospen der Kastanie glänzen, als wären sie frisch lackiert worden. Das Harz wird weich. Die Zweiglein und Blättchen und Blütentriebe strecken sich. Es wird ihnen zu eng und unbequem in der Winterkleidung. Sie werfen die Hülle ab und streben hervor an Luft und Licht und ziehen schließlich auch das Unterzeug aus, das warme Haarkleid. Dann steht der Baum wieder da in Frühlingspracht.

Nicht allein die Menschen haben erkannt, wie die Kastanie

ihren Knospen einen Winterschutz gibt, sondern auch die Bienen. Diese Tierchen benutzen das Knospenharz, indem sie die Ritzen in ihrem Bau damit verkleben, daß nicht kalter Luftzug eindringen kann. Kommt aber ein naschhaftes Mäuslein, den Honig zu stehlen, so wissen sie von ihren Stacheln gar kräftig Gebrauch zu machen, und oft muß so ein Einbrecher sein Leben lassen. Doch er ist im Tode gefährlicher als im Leben, denn die Leiche würde, wenn sie in Verwesung übergeht, den ganzen Stock verpesten. Da sammeln die klugen Bienchen Knospenharz und geben ihr einen luftdichten Überzug. Nun ist die Gefahr beseitigt.

4. Die Küche der Pflanze.

Die Mutter will das Mittagessen fertigmachen, und die Kinder haben allerlei eingeholt: Fleisch und Eier, Milch und Mehl, Butter und Schmalz, Kartoffeln und Gemüse, Pfeffer und Salz, Essig und Öl, und was sonst noch alles gebraucht wird. Das brachten sie in die Küche, und die Mutter machte ein Feuer an und stellte einen Topf mit Wasser auf dasselbe. Dann wurden die Kartoffeln geschält, gewaschen und gekocht, auch Fleisch kam in den Topf, und so wirkte die Hausfrau und arbeitete fort, bis es endlich zu Tische ging. Da setzten sich alle und ließen es sich trefflich schmecken, und die Mutter freute sich über den Appetit der Kleinen.

Auch die Pflanze braucht zu ihrer Ernährung die verschiedensten Stoffe, welche sie zum größten Teil aus dem Boden nimmt. Hier werden sie von dem Wasser aufgelöst und mittels der feinen Wurzelhärchen aufgesogen. Wie aber die Leute nicht Kartoffeln und Mehl, Fleisch und Kohl roh verzehren, sondern

diese Stoffe erst zubereiten lassen, so verwendet auch die
Pflanze die Nährstoffe nicht in dem ursprünglichen
Zustande, sondern nimmt eine Veränderung mit
ihnen vor, wie die Mutter in der Küche es macht. Die
Pflanzenküche ist das grüne Blatt. Wer ist denn aber die
Köchin, welche die Zubereitung der Pflanzenspeise übernimmt?
Die Köchin ist das Blattgrün, ein Stoff, von dem die
Blätter ihre Farbe haben. Wie die Mutter in der Küche Wasser
gebraucht zum Kochen der Speisen, so braucht Jungfer Blatt=
grün einen Bestandteil der Luft, den Kohlenstoff, zur Um=
wandlung der Nährstoffe in der Pflanzenküche. Aber die
Hauptsache in der Küche ist die Feuerstelle; denn wenn man
kochen will, muß man auch Feuer haben. Was nun das Feuer
für unsere Küche ist, das ist für das Blatt das Sonnenlicht.
Wenn das Sonnenlicht der Pflanze fehlt, so sagt Jungfer Blatt=
grün: „Hier kann ich nicht kochen!" und sie geht fort ohne Kün=
digung, und man sieht ihr schönes grünes Kleid nicht mehr in der
Küche, und die Pflanzenteile bekommen nichts mehr zu essen.
Dann muß die Pflanze hungern und wird kümmerlich aussehen,
und man sagt von ihr: „Sie hat Lichthunger." Wenn aber
das Sonnenlicht recht hell auf die Pflanze fällt, so ist Jungfer
Blattgrün in der Blattküche gar rüstig bei der Arbeit und holt
den Kohlenstoff aus der Luft und kocht mit ihm die Nährstoffe,
welche die Wurzeln durch die feinen Röhrchen ihr hinaufschicken
ins Blatt. Ist dann die Speise fertig, so wird allen Teilen der
Pflanze der Tisch gedeckt, und sie bekommen ihre Speise aus der
Küche aufgetragen.

  Es gibt aber auch Leute, die keine Hausfrau haben und
sich keine Köchin halten können. Diese müssen in anderen Häusern
sich einmieten und dort zu Gaste gehen. Auch unter den Pflanzen
gibt es solche, und man erkennt sie meistens schon äußerlich an

ihrer blassen Farbe. Sie ernähren sich, indem sie anderen Pflanzen die Nahrung aussaugen. Man nennt sie Schmarotzerpflanzen.

5. Die Pflanze atmet.

Wenn die Mutter Feuer angemacht und den Kochtopf mit Wasser aufgestellt hat, so steigt der Dampf aus dem Topfe empor und erfüllt die Küche. Dann öffnet die Mutter die Fenster, damit er hinausziehen kann. Wie ist es denn nun in der Blatt=küche der Pflanzen, wenn Jungfer Blattgrün beim Kochen ist? Das wollen wir gleich sehen:

Auf der Fensterbank in der Stube steht ein Aquarium,

darin sind einige Goldfische. Der Boden des Gefäßes ist bedeckt mit einer dicken Lage von Sand, und in diesem wächst eine Anzahl Pflanzen, die man Wasserpest nennt. Die Sonne scheint freundlich ins Zimmer und auf das Aquarium. Da sehen wir, wie die Blätter der Wasserpest besetzt sind mit lauter glänzenden Perlchen, die sich alsbald von ihnen ablösen und als kleine Bläschen in die Höhe steigen. Jungfer Blattgrün ist bei der Arbeit in ihrer Küche und bereitet Speise für die Pflanzenteile. Wir wissen auch schon, daß sie dazu Kohlenstoff braucht, den sie aus der Luft und in diesem Falle aus dem Wasser nimmt. Aber reinen Kohlenstoff kann sie nicht bekommen, sondern derselbe ist mit einer andern Luftart verbunden, die man Sauerstoff nennt. Das Gemisch aber heißt **Kohlensäure**, und diese wird vom Blatt aufgenommen. Köchin Blattgrün verwendet aber nur den Kohlenstoff, und der **Sauerstoff** scheidet sich von ihm und steigt aus ihrer Küche wieder heraus, wie der Dampf sich vom Wasser scheidet und aus dem Topfe emporsteigt. Bei den Pflanzen, die auf dem Lande wachsen, können wir es nur nicht sehen, aber im Wasser werden wir es gewahr, denn jene kleinen Perlen an den Blättern der Wasserpest sind Sauerstoffbläschen.

Warum bewegen die Goldfische denn immer den Mund? Sie öffnen und schließen ihn ja fortwährend. Sie atmen, gerade wie wir. Was heißt das? Wir füllen unsere Lunge mit Luft und sehen, wie unsere Brust sich dabei hebt und wieder senkt, wenn die Luft zurückströmt. Dieses Einziehen und Ausströmen der Luft bezeichnet man als atmen. Die Pflanze nimmt, wie wir hörten, auch Luft auf, und wir sahen, daß sie solche wieder von sich gibt, **folglich atmet sie ebenso wie die Menschen und Tiere.**

Müssen denn die Goldfische nicht jeden Tag frisches Wasser haben, weil die Luft in dem kleinen Behälter verbraucht wird? O nein! Die Tiere brauchen nämlich gerade den Sauerstoff zum Leben, den die Pflanze ausatmet. Also haben die Fische in dem bepflanzten Aquarium immer frische Luft. Dagegen atmen die Tiere Kohlensäure aus und versorgen mit derselben die Jungfer

Wasserpest mit Sauerstoffblasen im Aquarium. (Etwas über nat. Größe.)

Blattgrün. In dieser Weise unterstützen sich Tiere und Pflanzen. — Wie ist es aber nachts im Dunkeln? Dann kocht Jungfer Blattgrün doch nicht! Nein, dann scheiden die Blätter etwas Kohlensäure aus, da in der Küche ja nicht gearbeitet wird.

Wie kommt denn die Luft hinein in das Blatt? Dieses hat eine Menge kleiner Öffnungen, die man Poren nennt. Durch sie atmet die Pflanze. Wenn diese Poren verstopft werden, durch Staub zum Beispiel, so muß die Pflanze ersticken. Es geht ihr gerade so wie uns, wenn man uns Mund und Nase zuhalten würde. Darum soll man auch Zimmerpflanzen hinausstellen in den Regen, damit die Blätter gereinigt werden, oder soll sie von oben begießen oder besprengen.

6. Der Laubfall.

Wenn es Abend wird und das Tagwerk vollbracht ist, sammelt sich die Familie zum Nachtmahl. Haben alle gegessen und getrunken, so räumt die Hausfrau den Tisch ab und bringt, was übrig blieb, in die Speisekammer. Will dann noch ein Kind ein Stück Brot haben, so sagt sie: „Nein, nun gibt es nichts mehr, die Speisekammer ist zugeschlossen. Nun müßt ihr schlafen gehen, morgen früh gibt es mehr!"

Es wird Herbst. Diese Zeit ist der Abend für die Pflanzen. Den ganzen Tag, vom Frühjahr her, haben die Wurzeln Nahrung aufgesogen, und die Blätter haben sie zubereitet, und die überschüssigen Nährstoffe sind in die Speisekammer der Pflanze gebracht worden. Jedes hat sein Tagwerk getan. Die liebe Sonne hat nach Kräften geholfen, aber sie scheint nicht mehr so lange wie im Sommer. Die Tage werden kurz und die Nächte lang. Die Sonnenstrahlen können den Erdboden nicht mehr genügend durchwärmen. Er kühlt während der Nacht zu stark ab. Da geht es den Saugwurzeln des Baumes wie vielen Tieren, z. B. den Fröschen und Eidechsen, die müde werden und in einen Winterschlaf verfallen, wenn es kalt wird. Die Wurzeln werden im kalten Boden auch müde und hören auf anzuschaffen.

Fallendes Laub im Herbstwind.

Sie schicken keine Nährstoffe mehr in die Pflanze hinein. Die Blätter, welche den letzten Saft umgewandelt und an die Speisekammern abgegeben haben, bekommen keinen neuen und müssen darum aufhören zu arbeiten. Wenn sie nun aber noch selbst weiter essen, sich noch weiter ernähren wollen, so müßten sie schon ihre Nahrung jetzt aus der Speisekammer nehmen, und der Baum hätte im nächsten Frühling nichts für seine Knospen. Da sagt er dann gerade wie die Hausfrau: „Halt, nun gibt es nichts mehr!" und schiebt den Riegel vor die Tür der Speisekammer. Es bildet sich nämlich da, wo der Blattstiel am Zweige sitzt, zwischen Stiel und Zweig eine korkähnliche Schicht, welche die feinen Röhrchen, die aus dem Zweige ins Blatt gehen, verschließt. Die Bildung dieser Korkschicht war die letzte Arbeit des Blattes. Es hat sein Tagwerk getan, seine Lebensaufgabe erfüllt. Nun treten rasch die Spuren des Alters auf, es verliert sein jugendliches Grün, wird gelb und fahl aussehen, und schließlich stirbt es und fällt beim leisesten Lufthauch zur Erde.

Aber noch im Tode sind die Blätter dem Baume nützlich, denn sie geben nun den Wurzeln eine wärmende Decke und später, wenn sie verfaulen, einen guten Dünger. Würden sie aber an den Zweigen sitzen geblieben sein, so würde sich im Winter der Schnee auf ihre breiten Flächen legen, und die Äste würden die große Last nicht tragen können und abbrechen.

7. Immergrüne Pflanzen.

Unter den Pflanzen gibt es auch reiche und arme Leute. Die ersten wohnen in fruchtbarer Gegend. Sie haben Nahrung im Überfluß und können während des Sommers so viel nach ihrer Vorratskammer schaffen, daß im Frühling, wenn die Knospen hervorbrechen, diese gewiß keine Not zu leiden brauchen. Darum dürfen diese Pflanzen auch während des Winters getrost der Ruhe pflegen.

Aber es wachsen auch Pflanzen in öder Gegend, im kaltgrundigen Moor und auf trockenem Sande. Wie sollten diese wohl in der kurzen Sommerzeit so viel Nahrungsstoff aufspeichern können, daß sie ihren Knospen im Frühling genug zu bieten hätten? Für sie gibt es keine Feiertage, sie müssen ihre Blätter behalten, damit sie jeden Augenblick bereit sind, an die Arbeit zu gehen und Nahrung aufzunehmen, wenn das Wetter es nur gestattet. So bleibt z. B. das Laub des Heidekrautes sitzen, wie die Nadeln der Nadelhölzer, und wir singen ein Loblied auf das grüne Kleid des Tannenbaumes, das er zur Winterzeit eigentlich doch nur aus Not trägt.

8. Wasserverdunstung.

Zu Hause ist großer Waschtag. Eben ist man mit dem Auswringen fertig geworden, und die Wäsche wird getrocknet. Man hängt sie draußen im Hof auf die Leine, wo Wind und Sonne recht ankommen können. Dabei läßt man die Wäschestücke nicht zusammengedreht, wie sie beim Auswringen waren, sondern faltet sie auseinander und breitet sie recht aus, damit sie der Sonne und dem Winde möglichst große Flächen bieten, denn desto eher werden sie trocken. Nachher werden sie von der Leine genommen, aber nicht zu gleicher Zeit, sondern die Leinenwäsche zuerst und die Wollwäsche zuletzt, denn diese hat sich am längsten feucht gehalten.

Wo ist das Wasser geblieben, das in der Wäsche war? Es ist verdunstet durch die Einwirkung von Sonne und Wind. Diese beiden trocknen jeden Körper aus, also auch die Pflanzen.

Nun wollen wir hinausgehen auf die Wiese und sehen, wie die Blumen es machen. Die Sumpfdotterblume mit ihren gelben Blüten und den großen, nierenförmigen Blättern, die an feuchten Orten wächst, wird jedem von euch bekannt sein. Sie nimmt mittels ihrer Wurzeln so viel Wasser aus dem Boden auf, daß sie es gar nicht bewältigen kann und zusehen muß, eine große Menge davon wieder los zu werden. Das macht sie ähnlich wie die Hausfrau mit der Wäsche. Sie breitet ihre Blätter aus und gibt ihnen eine möglichst große glatte Fläche, und bei den unteren läßt sie den Blattstiel länger wachsen, als bei den oberen, damit ja keines das andere beschatte, und damit Frau Sonne ordentlich ankommen und recht viel Feuchtigkeit herausholen kann.

Viel früher als die Sumpfdotterblume blüht auf der Wiese die Primel. Der feuchte Boden, auf dem sie wächst, läßt eine Menge Wasser aufsteigen, und dabei pfeift der rauhe Märzwind über die noch kahlen Felder. Nun weiß aber ein jedes Kind, daß man sich auf den Tod erkälten kann, wenn man naß von Schweiß oder in nassen Kleidern sich einem heftigen Winde aussetzt, denn die starke Verdunstung entzieht dem Körper zuviel

Wärme. Das weiß die Primel auch und sucht sich dagegen zu schützen. Damit ihre jungen Blätter der Sonne nur eine sehr kleine Fläche bieten, stehen dieselben aufrecht. Außerdem sind sie runzlig und ihre Ränder sind umgebogen und nach der Unterseite hin eingerollt, denn hier liegen die Spaltöffnungen des Blattes, die Poren, durch welche die Verdunstung stattfindet. Die Unterseite ist auch mit feinen Haaren bedeckt, und wir haben an der Wollwäsche gesehen, daß sie sich am längsten feucht erhält, darum wissen wir, welchen Zweck die Behaarung der Unterseite der Blätter hat.

Gehen wir nun in die Einöde, wo der trockene Sandboden nur sehr wenig Feuchtigkeit abgibt. Hier müssen die Pflanzen sparsam umgehen mit dem bißchen Saft, den sie in sich haben und dürfen nicht viel davon verdunsten lassen. Darum haben sie fast alle nur sehr wenige und sehr kleine Blätter und bei vielen von ihnen sind die Blattränder nach unten eingerollt, wie z. B. bei den Kiefern und beim Heidekraut und vielen anderen Ödpflanzen.

9. Wasserleitungen.

Wie herrlich ist es zur Sommerzeit im frischen, grünen Walde. Wir haben uns aufgemacht und sind hinausgewandert in seine schattige Kühle. Himbeeren haben wir gepflückt und Walderdbeeren. Sie schmeckten köstlich, aber für den Hunger war es doch nichts Rechtes, und so traten wir den Rückweg an, damit das Mittagessen nicht versäumt wurde. Mittlerweile ist es aber heiß geworden, und je mehr wir aus dem Walde herauskommen, desto drückender wird die Luft. Ich glaube, es gibt ein Gewitter! In der Ferne hört man richtig schon ein

Primel mit jungen Blättern. (Nat. Größe.)

dumpfes Grollen, und dunkle Wolken türmen sich am Himmel empor. Nun fallen schon die ersten Tropfen, spannt schnell den Regenschirm auf! O weh, an einen Schirm hat niemand gedacht, wir haben alle nur einen wasserdichten Spazierstock mitgenommen. Also schnell unter den nächsten Baum! Es ist eine Eiche, die am lichten Waldrande steht. So, nun laßt es nur regnen, wir legen uns ruhig ins grüne Gras, bis das Wetter vorüber ist! Allerdings soll man beim Gewitter nicht unter Bäume treten, aber es ist nur ein Gewitterregen, das eigentliche Wetter kommt nicht zum Ausbruch. Es läßt sich darum hier wohl aushalten. Bums, fällt mir ein dicker Tropfen auf die Nase. Mehrere Kameraden folgen ihm, die Krone der Eiche war nicht dicht genug. Was nun?! Halt, dort sehe ich eine stattliche Rottanne, die wird uns besser schützen. Wir nehmen die Füße in die Hand und rennen, so schnell unsere Beine nur können, hinüber zur Tanne. Unter ihrem Dache ist es trocken. Gras gibt es nicht um ihren Stamm herum, nur braune Nadeln bedecken den Boden. Für Pflanzenwuchs ist es hier zu dunkel und zu trocken. Aber rundherum tropft es im Kreise, wo die Tannenzweige aufhören, wie von einem Dache, die reine Traufe. Die Tanne tränkt ihre Wurzeln. Diese liegen nämlich dicht unter dem Rasen, und ihre Enden, an denen feine Saugwurzeln sitzen, liegen gerade unter dem Tropfenfall. Aber der Regen läßt nach; wir können aus unserem Versteck hervorkriechen. Nun sehen wir unsere Beschützerin ordentlich an. Je höher die Zweige sitzen, desto kürzer sind sie, und ihre Spitzen neigen sich alle schräg nach unten. Wenn es nun regnet, so wird das Wasser immer von einem höheren Zweig auf einen tieferen geleitet, und den Saugwurzeln wird das ganze befruchtende Naß zugeführt. Die Tanne hat Tauwurzeln. So heißen sie, weil sie so dicht unter dem Boden liegen, daß der Tau noch zu ihnen dringen kann.

Leitet denn die Eiche ihren Wurzeln kein Wasser zu? Wir wollen sehen. Die Äste der Eiche sind schräg nach oben gerichtet, und die Rinde ist voller Risse und Rinnen. Das Regenwasser durchdringt die lockere Krone und fällt auf die Äste. Diese leiten es in den Rinnen zum Stamm, und hier läuft es hinunter auf die Erde. Der Stamm ist ganz naß und der Erd-

boden um ihn herum auch. Die Eiche hat eine senkrechte Pfahl=
wurzel und leitet dieser ebenso das Wasser zu, wie die Tanne
ihren Tauwurzeln.

Auf dem Heimweg kommen wir durch ein Dorf, auf dessen
Marktplatz eine mächtige Linde steht. Unter ihrer dichten Krone
ist es ebenfalls trocken. Nun wissen wir, weshalb der Gärtner
im vorigen Herbst den Bäumen, als er sie am Weg in den
Anlagen pflanzte, die Wurzeln kürzte; dieselben müssen den
gleichen Umfang haben wie die Krone, damit der Tropfenfall die
Saugwurzeln erreichen kann.

10. Regenschutz der Blüten.

Neulich, als wir am Waldrande vom Gewitterregen ereilt
wurden, hätten wir eine eigentümliche Beobachtung machen können,
wenn wir es nicht so eilig gehabt, unsere Haut in Sicher=
heit zu bringen. Das Versäumte läßt sich aber leicht nachholen,
denn es gibt ja Regentage genug, und außerdem können wir
dieselbe Erscheinung gewahren, wenn wir einen Abendspaziergang
ins Feld unternehmen. Da sehen wir denn, wie z. B. der Löwenzahn
seine Blätter schließt, und wie die blaue Glockenblume, die gelben
Hahnenfußgewächse und manche andere Blumen, die sonst ihre
Blüten aufrecht tragen, sie jetzt nickend herunterhängen lassen.
Warum tun sie das? Sie wollen ihren Blütenstaub vor Nässe
schützen, also vor dem Regen und dem nächtlichen Tau, damit
er nicht verdorben wird. Wie können denn die Blumen wissen,
daß der Abend gekommen ist, oder gar, daß es Regen gibt?
Das merken sie am Winde, denn des Abends und vor dem Be=
ginn des Regens erhebt sich der Wind und schüttelt die Stengel

der Blumen. Das ist für sie immer das Zeichen, ihre Blüten zu senken oder zu schließen.

Tun das alle Blumen? Nein, viele haben es nicht nötig. Das blaue Vergißmeinnicht z. B. hat über den Staubgefäßen schützende Schuppen als Regendach, bei den Schmetterlingsblüten ist das Schiffchen, in dem die Staubgefäße liegen, fest geschlossen, und das Leinkraut, welches die Kinder Löwenmaul nennen, preßt seine Lippen so fest zusammen, daß kein Tröpfchen hineindringen kann.

Es gibt aber auch Blüten, die nicht imstande sind, sich gegen den Regen zu schützen. Denen ergeht es oft recht schlimm. Der Blütenstaub wird fortgeschwemmt und eine Befruchtung ist ausgeschlossen. Wenn darum zur Zeit der Kirschen=, Apfel= und Birnblüte viel Regen fällt, so gibt es ein schlechtes Obstjahr, und wenn zur Zeit der Kornblüte viele Gewitterschauer nieder= gehen, so kann der Landmann sich auf eine Mißernte gefaßt machen.

11. Der Krämer.

Das Kind soll Zucker holen, aber es weiß nicht, wo der Krämer wohnt. Es geht durch die Straßen und sieht hierhin und dorthin. Da sieht es ein großes Schaufenster und darin Gläser mit roten, weißen und gelben Bonbons und farbigen Tüten und sonst allerlei Waren. Nun weiß es Bescheid. Es tritt ein in den Laden. Da steht der Krämer und bedient die Kunden, preist ihnen seine Waren an und verkauft ihnen, was sie haben wollen. Auch das Kind bekommt seinen Zucker. Es legt sein Geld auf den Ladentisch. Der Krämer streicht es in seine Kasse, gibt ihm heraus, was zuviel ist, und das Kind geht nach Hause.

Rottanne und Eiche im Regen.

Hahnenfuß mit nickenden Blüten und Leinkraut. (³/₄ nat. Größe.)

Draußen auf dem Felde wohnen auch Krämer, viel tausend. Das sind die Blumen, und die Hummeln und Bienen, Fliegen, Schmetterlinge und andere Insekten sind ihre Kunden. Die sind hungrig und wollen sich Speise holen. Sie gucken nach den bunten Blütenblättern, die aus dem Grase weithin leuchten, denn

diese sind die Schaufenster der Blumen, und die Blüte ist der
Laden. Ehe der Laden geöffnet wird, sind die Fensterläden oder
Vorhänge vor den Schaufenstern, das sind bei der Blüte die
grünen Kelchblätter. Wenn die Kunden nun an den offenen
Laden kommen, preist der Krämer seine Ware an, nicht mit
Worten, denn sprechen können die Blumen nicht, aber duften
können sie, und der Duft lockt die Insekten herbei, daß sie in
den Blütenladen kommen. Nun holen sie ihre Ware, den Honig.
Doch der Krämer verschenkt nichts; sie müssen bezahlen. Haben
sie denn auch Geld? Ja, sie bezahlen mit Blütenstaub, den sie
an ihren Beinen und Flügeln und auf ihrem Rücken mitbringen.
Er bleibt kleben an der Narbe und kommt in den Fruchtknoten,
in die Kasse des Blumenkrämers. Aber die Kunden bekommen
auch Geld wieder heraus, denn beim Blumenbesuch bleibt wieder
Blütenstaub an ihrem Körper hängen. Damit fliegen sie nach
einem andern Krämerladen.

So helfen sich Blumen und Bienen gegenseitig, denn jene
können ohne Blütenstaub keine Frucht bringen, und
diese sammeln den Honig für sich und ihre Brut zur Speise.
Sie bauen ihre Waben aus Wachs und füllen die Zellen der=
selben mit dem süßen Safte. Dann kommt der Imker und
nimmt die Waben heraus und entleert sie von dem Honig. Den
kauft die Mutter und streicht dem Kinde eine Honigsemmel. Die
schmeckt ihm prächtig.

12. Faule Kundschaft.

Als ich noch ein Schuljunge war, führte mein Weg mich
täglich an einem großen Garten vorbei. Darin standen viele
Obstbäume. Die hingen im Sommer teils voll schöner, roter

Kirschen und später teils voll Pflaumen, Äpfel und Birnen. Das war herrlich anzuschauen, und es wässerte einem ordentlich der Mund nach den köstlichen Früchten. Es waren auch Buben da, die keinen Unterschied machten zwischen Mein und Dein und die das siebente Gebot nicht kannten. Die versuchten, in den Garten einzudringen und zu stehlen. Sie kletterten auf die Planke, die ihn als Zaun umfriedigte, aber da fanden sie unübersteigbaren Stacheldraht ausgespannt. Das war eine schlimme Überraschung. Sie zerfetzten ihre Kleider, rissen sich blutige Wunden und mußten unverrichteter Sache wieder umkehren.

Solche Buben gibt es auch unter den Insekten. Sie riechen den Duft der Blumen und möchten gern den süßen Honigsaft haben, aber derselbe ist nicht für sie bestimmt, denn wir wissen, daß die Blume ihn nicht umsonst hergibt, sondern daß die Insekten dafür die Bestäubung besorgen müssen. Diese Burschen aber kommen nicht von Blume zu Blume geflogen, sondern sie

28   Bau und Leben der Pflanzen.

kriechen von unten her am Stengel empor und suchen von hier aus in die Blüte einzudringen. Wenn sie nun auch mit Blüten=
staub bepudert zurückkehren würden, so könnten sie denselben doch

Kuckucksnelke. (¼ über nat. Größe.)

nicht in eine andere Blüte bringen, sondern sie würden ihn auf dem Wege dahin an dem Pflanzengewirr, durch das sie hindurch=
müssen, abstreifen. Ihr Besuch wäre also nutzlos. Aber nicht allein das, sondern es sind auch wüste Gesellen, die nicht manier=
lich an den richtigen Eingang der Blüte kommen, sondern von unten her ein Loch beißen und durch dieses den süßen Saft heraussstehlen.

Die Blumen und ihre Kunden.

Gegen solch unnützes Volk suchen sich nun manche Blumen zu schützen. Die fleischrote Kuckucksnelke, die im Frühling unsere Wiesen schmückt, und viele andere bauen als Zaun vor ihrem Eigentum eine Planke, indem sie unterhalb der Blüte ringförmig um den Stengel herum eine klebrige Absonderung, eine sogenannte Leimspindel, anlegen und dadurch Ameisen, kleine Raupen und Käfer abhalten. Aber es gibt auch Raubgesindel, das sich an eine solche Schutzwehr nicht kehrt. Das sind die Schnecken. Sie sondern aus ihrem Körper so viel Schleim ab, daß sie über die klebrigen Ringe hinwegklettern können. Für sie muß schon ein besserer Schutz angebracht werden, wie die Rosen und Disteln und manche andere Pflanzen ihn haben. Diese strecken den Honigdieben spitzige Stacheln und stechende Borstenhaare entgegen, wider die kein Schleimüberzug hilft.

13. Was bringt der Wind fürs Kind?

Die Krämer und Bäcker und Schlächter und andere Geschäftsleute haben offene Läden und freuen sich, wenn dieselben von recht vielen Kunden besucht werden. Darum haben sie auch große Schaufenster und bunte Firmenschilder, damit die Leute aufmerksam werden und sehen, welche Waren bei ihnen zu haben sind. Aber die Privatleute haben nichts von solchen Zugmitteln, denn sie brauchen keine Kunden, weil sie nichts zu verkaufen haben, und darum ist ihre Wohnung auch nicht für jedermann offen.

So ist es auch bei den Pflanzen auf dem Felde. Viele von ihnen freuen sich, wenn sie von recht vielen Kunden besucht werden, d. h. wenn recht viele Insekten in ihre Blüte kommen und ihnen Blütenstaub mitbringen, denn ohne Insektenbesuch können sie keine Früchte zeitigen. Darum leuchten ihre gelben, roten, blauen und weißen Blütenblätter weithin über die Flur, und der Duft lockt die Kunden, und diese kommen und holen sich den Honig. Solche Pflanzen sind die Geschäfts=leute unter den Gewächsen. Aber es gibt auch andere, die haben keinen Duft, und bei ihnen ist kein Honig zu holen. Darum zeigen sie auch keine leuchtenden Blumenblätter, sondern ihre Blüten sind gewöhnlich grün und unterscheiden sich in der Farbe wenig von den übrigen Pflanzenteilen.

Wir wollen hinausgehen auf die Wiese. Da stehen dicht aneinander viel, viel tausend Gräser, aber die Insekten setzen sich auf die Blumen, und nicht ein einziges besucht die Grasblüte. Wir gehen aufs Feld und bleiben stehen am Kleeacker oder beim Buchweizen. Da surrt es und summt es, und ununterbrochen fliegen Hummeln und Bienen hin und kehren beladen zurück, aber nebenan über dem Kornfelde ist es leer, **die Kornähre empfängt keinen Besuch und will auch keinen haben**, sie streckt sogar scharfe Grannen abwehrend in die Luft, damit es ja keinem Insekt einfalle, sich auf ihrer Blüte niederzulassen. Sie hat aber auch alle Ursache dazu, denn ihre Staubfäden sind lang und dünn, und die Bienen und dicken Hummeln würden mit ihren ungeschickten Beinen dieselben höchstens abbrechen. Trotzdem bringt das Korn reichliche Frucht, und da wir schon wissen, daß dies ohne Bestäubung nicht möglich wäre, so muß wohl jemand anders dieselbe besorgen, als gerade die Insekten.

Das tut der Wind. Wenn im Sommer die Kornfelder wogen wie die Wellen des Meeres, wenn der Wind über sie dahinfährt, so schwebt über den Halmen eine Wolke von Blütenstaub und senkt sich hernieder und wird aufgefangen von den großen federförmigen Narben, die auf jedem Frucht=

Grünes Kornfeld im Winde wogend.

knoten sitzen. Dann freut sich der Land=
mann, denn nun darf er auf reichliche
Ernte hoffen.

Die Gräser sind aber nicht die einzigen
Pflanzen, die vom Wind bestäubt werden.
Lange bevor noch die Hummeln und Bienen aus
ihrem Winterquartier hervorkommen, blüht schon
draußen in den Hecken der Haselnußstrauch. Wäre er
auf den Besuch der Insekten angewiesen, so hätte er
sich eine andere Zeit zum Blühen aussuchen müssen als den
Vorfrühling. Aber er braucht sie nicht. An den blattlosen
Zweigen sitzen die langen mit Blütenstaub gefüllten Kätzchen,
die vom leisesten Luftzug bewegt werden, und die weiblichen
Blüten, die den hübschen roten Federbusch auf dem Hute tragen,
fangen den Pollen auf. (So nennt man nämlich auch den

Blütenstaub.) Es ist aber recht gut, daß der Haselstrauch blüht, ehe er Blätter hat, denn sonst würde der Pollen gar leicht von den breiten Blättern aufgefangen werden, und dann wäre es mit der Nußernte schlecht bestellt.

Auch andere Bäume werden vom Wind bestäubt. Wir brauchen nur auf die Bienen zu achten. Zum blühenden Lindenbaum ziehen sie in großen Scharen, aber zur Birke und zur Erle, zur Eiche und zum Tannenbaum kommen sie nicht, denn diese Bäume sind, wie noch viele andere Pflanzen, Windblütler.

Darum soll das Kind nicht schmollen, wenn der Wind weht, denn wenn der nicht wäre, so würde es kein Korn geben, und der Bäcker könnte kein Brot backen und auch keine Kuchen, und Nüsse könnte man nicht mehr knacken, und Tannenzapfen würden nicht mehr wachsen, und der Förster könnte keinen Tannensamen mehr säen, und der Weihnachtsmann könnte nicht mehr den Christbaum bringen.

14. Die schlaue Erdbeere.

Auf dem Fahrdamme der Straße, hart an dem Seitenweg für die Fußgänger entlang, zieht ein Mann einen Handwagen, und seine Frau hilft denselben schieben. „Erdbeeren, schöne Erdbeeren!" rufen sie abwechselnd, und auf ihrer Karre liegen hochaufgeschüttet ganze Haufen der köstlichen Früchte. — Gerade ist die Schule aus. Die Kinder gehen nach Hause und bleiben verlangend bei der Karre stehen. Wer jetzt zehn Pfennig hätte! Die Früchte lachen sie so verführerisch an, sie machen einem ordentlich Appetit. Man sagt deshalb, daß sie eine **Appetit**- oder **Lockfarbe** haben.

Erdbeere und Vogel.

Die schlaue Erdbeere. 33

Zu Hause sagt die Mutter: „Kinder, heute mittag gibt es
was Schönes!" Sie bringt eine verdeckte Schüssel herein. Die

Zweig des Haselstrauchs mit männlichen und weiblichen Blüten.
(Etwas über nat. Größe.)

Kinder sind gespannt, was wohl darin sein mag, und als der
Deckel aufgehoben wird, ertönt ein allgemeines: „Ah!" Denn
rote Erdbeeren mit Zucker bestreut lachen ihnen entgegen, und
frische Milch gibt es dazu. Das wird schmecken! Was knirscht
denn beim Essen immer so zwischen den Zähnen? Das sind die

Früchte der Erdbeere. Aber die Früchte der Erdbeere sind doch weich! O nein, was man für gewöhnlich die Frucht nennt, mit dem schmackhaften Fleisch, das ist nur eine S ch e i n f r u ch t. Die eigentlichen Früchte sind die bräunlichgelben Körner, die oben= drauf sitzen. Diese sind hart und knirschen, wenn man auf sie beißt. — So prächtig hat selten ein Mittagessen geschmeckt wie heute. Aber Felderdbeeren sollen noch würziger sein als Garten= erdbeeren. So hat der Vater gesagt, und darum wird beschlossen, am Sonntag hinauszugehen und Erdbeeren zu pflücken.

Es ist schönes Wetter am Sonntag, und es geht hinaus ins Freie. Kaum ist man im Felde, da entdeckt eins der Kinder auf einem Erdwalle einen Fleck, auf dem eine Menge Erdbeer= pflanzen stehen. Wie sind die dahingekommen? Das will ich euch erzählen:

Am Waldrande wuchs eine Erdbeerpflanze. Aus dem grünen Grase leuchteten ihre weißen Blüten hervor. Das sahen die Bienen und Fliegen, und kamen zu ihr und brachten Blüten= staub. Darauf entwickelten sich aus den Blüten bald die schönen Erdbeeren mit ihrer roten Lockfarbe. Kam nun ein Vogel ge= flogen, so war es, als wenn die Farbe sprechen könnte, und als ob sie sagte: „Ei, Vogel, siehst du mich nicht? Hast du keinen Hunger? Koste mich doch! Ich schmecke ganz vorzüglich!" Das ließ sich der Vogel nicht zweimal sagen. Er verzehrte die Erd= beere und flog gesättigt davon.

Das ist doch sonderbar: die Erdbeere fordert selbst dazu auf, daß der Vogel sie frißt! Wer möchte wohl gefressen werden?! Und doch war es so, und wir werden gleich sehen, wie schlau die Erdbeere handelte. Im Magen des Vogels wurde das wohl= schmeckende, saftige Fleisch der reifen Frucht verdaut, aber **die harten Kerne konnte der Magensaft nicht zerstören.** Sie gingen durch den Darm auf dem natürlichen Wege un=

Die schlaue Erdbeere.

verzehrt wieder hervor und wurden von dem Vogel auf solche Weise hierhin und dorthin getragen, bekamen auch gleich den nötigen Dünger mit. So wuchs auf dem Walle, der weit, weit von dem Walde entfernt war, im nächsten Frühling ein Erdbeerpflänzchen und entwickelte sich kräftig.

Die neue Pflanze trieb nicht allein Blätter und einen Blütenschaft, sondern es gingen auch lange, rankenartige Ausläufer von ihr ab. Wo diese mit dem Erdboden in Berührung kamen, senkten sie Würzelchen hinein und trieben nach oben an derselben Stelle Blätter. Dann wurde es Herbst. Das Laub der Erdbeerpflanze verwelkte und verfaulte im Winter, aber in der Erde blieb der Wurzelstock, und als nun wieder der Lenz kam, da erschien nicht nur die erste Pflanze, sondern es wuchsen auch überall, wo die Ausläufer Wurzeln in den Boden gesenkt hatten, neue Pflänzlein empor. Nach einigen Jahren war der Abhang des Walles ganz bedeckt davon. So breiten sich die Erdbeeren aus.

Auch andere Pflanzen haben unverdauliche Umhüllungen ihrer Samen. Zwei davon will ich nennen: die Kirsche und die Pflaume. Das Fleisch dieser Früchte essen alle Kinder gern, aber die Steine dürfen sie nicht mit verschlucken, denn diese sind so hart, daß der Magensaft sie nicht auflösen kann. Wenn nun ein Kind aus Versehen oder aus Mutwillen Kirschensteine hinunterschluckt, so gehen diese aus dem Magen in den Darm und bleiben dort manchmal in einem Zipfel des Blinddarms stecken. Dann bekommt das Kind heftige Leibschmerzen und der Arzt muß kommen. Der sagt dann, daß es Blinddarmentzündung hat und ins Krankenhaus muß. Hier wird es operiert, und die Mutter sitzt draußen und ringt die Hände und weint, denn sie weiß nicht, ob sie ihr armes Kind noch lebendig wiedersehen wird.

15. Schutzfärbung und Abschreckungsmittel.

Der Vogel fraß die reife Erdbeere, ihre unreifen Schwestern beachtete er nicht. Weiß ein Vogel denn zwischen solchen Früchten einen Unterschied zu machen? Ganz gewiß, denn nur die reife Erdbeere hat eine Lockfarbe, die ihm Appetit macht, vorher ist sie grün und versteckt sich im Kraut, daß sie den Tieren nicht auffällt. Wenn aber ihre Samen keimfähig sind, so ruft sie gleichsam die Vögel herbei und läßt sich fressen, damit die unverdaulichen Kerne verbreitet werden. Ebenso ist es mit den Kirschen und Pflaumen, den Mehlbeeren und Weintrauben und vielen anderen Früchten.

Manche Früchte haben aber keine Schutzmittel, die dem Verdauungssafte des Magens widerstehen können. Wenn sie gefressen werden, so sind sie verloren. Darum legen sie eine Schutzfärbung an, damit sie sich den Blicken der Tiere entziehen. Die Haselnuß am Strauche sitzt in einem grünen Hüllkelche, die Roßkastanie und die Walnuß haben, solange sie am Baume hängen, eine grüne Schale. Fallen sie aber vom Zweige ab, so liegen die braunen Haselnüsse zwischen dem braunen Laube am Boden. Die Schalen der Kastanien, der Walnüsse, der Bucheln platzen auf, und die Früchte haben ebenfalls eine braune Farbe, damit sie am Boden nicht leicht zu finden sind.

Andere Früchte wissen sich noch besser zu schützen, wie wir z. B. an denjenigen der Kartoffelpflanze sehen wollen. Das sind nicht etwa die Knollen in der Erde, sondern die Beeren oben am Kraut. Diese stimmen in der Farbe immer mit dem Laube überein. Sie sind grün wie die Blätter und stechen nicht gegen sie ab, wird aber das Kraut im Herbste fahl aussehen, so tut's die Beere auch. Sie sucht sich also den Blicken freßlustiger Ge= schöpfe zu entziehen. Nützt ihr dies nichts, so sagt sie zu dem Widersacher: „Friß mich nicht, ich werde dir doch nicht schmecken!" Freilich kann sie nicht sprechen, aber sie warnt ihn durch ihren

Kartoffelbeeren am Kraut. (¹/₄ nat. Größe.)

unangenehmen Geruch. Achtet er aber der Warnung nicht, sondern frißt sie dennoch, so sagt sie: „Warte, Bürschlein, wer nicht hören will, der muß fühlen!" Kaum hat er sich nämlich ge= sättigt, so bekommt er Kopfschmerzen und Schwindelanfälle, und es stellt sich heftiges Erbrechen ein, denn die Kartoffelbeere ist giftig und weiß sich ihrer Haut wohl zu wehren.

16. Wanderburschen.

Kennt ihr nicht das Lied vom Mühlknappen? „Das Wandern ist des Müllers Lust, das Wandern!" Es wandern aber nicht nur die Menschen und die Tiere, sondern auch die Pflanzen begeben sich auf die Reise und suchen sich hier und dort einen Platz, wo sie sich ansiedeln können. Wie ist das aber möglich, da sie sich doch nicht von der Stelle bewegen und marschieren können, wie im Märchen von dem Blümlein erzählt wird, das aus dem Wiesengrund auf den Berg hinaufstieg und hier erfrieren mußte? Wir wollen uns einmal die Wanderburschen betrachten und zusehen, wie sie ihre Reise ausführen.

Die Wiese war ganz bunt von Blumen, und am weitesten leuchteten die großen gelben Blüten des Löwenzahns in goldiger Pracht. Aber nun schauen sie ganz anders aus. Statt der schönen Blüte sehen wir jetzt ein weißes Polster, in dem viele Samen stecken. Die haben alle einen langen Stiel, an dessen oberem Ende ein Haarschopf sitzt. Die Kinder pflücken so eine abgeblühte Löwenzahnblume, nehmen den Stengel in die Hand, blasen die Backen auf und pusten zwischen die Samen. Da fliegen dieselben davon wie kleine Luftschiffer. Der Wind ergreift sie und führt sie weit, weit fort auf Dächer und auf Bäume und fernliegende Felder. Dann bleibt man später wohl einmal verwundert stehen, wenn man oben auf dem Strohdache eines Bauernhauses oder im Schopf eines hohlen Weidenbaumes eine blühende Löwenzahnpflanze sieht. — Viele Samen benutzen den Wind als Beförderungsmittel: die von der Distel, von der Weide und der Pappel, von der Baumwolle und dem Wollgras. Sie alle haben Haare, an denen der Wind sie forttragen kann. Andere sind Flügelfrüchte und haben häutige Anhängsel, die sie dem Winde als Segel darbieten, wie z. B. die vom Ahorn, von der Linde und von der Tanne.

Auch das strömende Wasser benutzen die Pflanzen als Reisegelegenheit für ihre Samen und Ableger. Wenn der Regenguß auf die Erde herunterprasselt und das Wasser gleich wilden Gießbächen zu Tal stürzt, so führt es viele leichte Samenkörnchen mit sich fort und rollt die runden, glatten Eicheln weit weg von dem Baume, an dessen Zweigen sie saßen. Die Gewässer sammeln sich zum Bach, die Bäche zum Fluß, die Flüsse zum Strom. Der fließt ins Meer, und was nicht unterwegs an den Ufern hängen blieb und sich dort ansiedeln konnte, das treibt hinaus in den Ozean, gerät in die Meeresströmungen und

Kind mit der „Pusteblume".

wird abgesetzt an entlegenen Küsten, keimt dort, schlägt Wurzeln, wächst und gedeiht, und mancher Seemann findet draußen in der Fremde einen alten Bekannten von seiner heimatlichen Flur.

Endlich benützen die Pflanzensamen auch noch die Tiere und die Menschen als Transportmittel. Streifen wir im Herbst oder im Frühling herum durch Sumpf und Moor, an den Ufern der Teiche und Gräben, so finden wir unsere Kleider besetzt mit einer Menge von braunen Samen, die wir nur mit Mühe von ihnen entfernen können, denn sie haben scharfe

Haken, mit denen sie sich festhalten. Dann werden euch auch die Früchte von dem kletternden Labkraut bekannt sein und die vom Odermennig, ganz bestimmt aber die von der Klette, mit denen sich die Kinder neckend werfen, und die an den Kleidern und in den Haaren sofort hängen bleiben, wenn man getroffen wird. So hängen sie sich auch an das Pelzwerk der Tiere und werden von diesen mitgenommen und an anderen Orten wieder abgestreift.

17. Nahrungsmittel aus dem Pflanzenreiche.

Schon zu Anfang dieses Buches erfuhren wir, daß die Menschen die Nährstoffe, die in den Pflanzen stecken, für sich verwenden und aus dem Pflanzenreiche mancherlei Nahrungs= mittel entnehmen. Zu diesem Zwecke haben sie schon von alters her eine Reihe von Pflanzen angebaut und durch Zucht und Pflege veredelt. Solche Pflanzen nennt man Kulturpflanzen.

Unter allen Kulturpflanzen, die uns Nahrung liefern, stehen die Getreidearten mit ihren Körnerfrüchten obenan, und von ihnen ist der Reis wieder der erste, denn vom Reiskorn leben die meisten Menschen. In China und Indien bildet er fast die einzige Speise ärmerer Volksklassen, aber auch hier bei uns wird er viel gegessen, und die Mutter weiß allerlei schmackhafte Gerichte aus ihm herzustellen. Wie denken die Kinder über Milchreis mit Zucker und Zimt? — Dann kommt der Weizen, der uns das herrliche Weißbrot und die schönsten Kuchen liefert. Er braucht zu seinem Gedeihen mehr Wärme als die übrigen bei uns heimischen Getreidearten und kann deshalb im hohen Norden nicht angebaut werden. In tropischen Gegenden ist es ihm aber wieder zu warm, und darum wächst er dort nur auf hohen

Nahrungsmittel aus dem Pflanzenreiche. 41

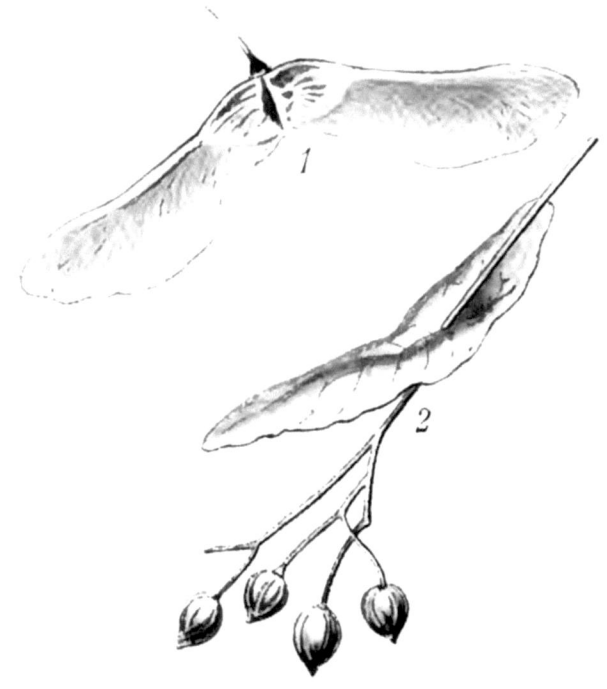

1. Ahornfrucht. 2. Lindenfrucht. (Nat. Größe.)

Bergen. — Das am meisten angebaute Getreide in Nord- und Mitteleuropa ist der Roggen, der uns das wohlschmeckende Schwarzbrot liefert. Auch Hafer und Gerste sind sehr wichtige Getreidepflanzen. Die letztere braucht am wenigsten Wärme und gedeiht sogar noch am Nordkap, und in der heißen Zone kann sie noch in einer Höhe von viertausend Meter über dem Meeresspiegel mit gutem Erfolg auf den Bergen angebaut werden. — Das eigentliche Getreide im heißen Afrika ist die Hirse, auch Mohrenhirse genannt oder Durra, wie sie in ihrer Heimat heißt. Man baut sie aber auch in Europa an und zwar vorzugsweise im Süden. — In Amerika baute man schon vor der Ankunft der Europäer und zwar als einziges Getreide den Mais oder türkischen Weizen. — Endlich liefert uns noch der Buchweizen seine Körnerfrüchte, die darum auch Heidekorn genannt werden. Meistens bereitet man Grütze von ihnen.

Besonders sind die Hülsenfrüchte, also Bohnen, Erbsen und Linsen als menschliche Nahrungsmittel wichtig. Ihnen folgen die Früchte einiger Bäume, von denen ganze Völkerschaften leben. Hierher gehören vor allen Dingen die Früchte des Brotbaumes, ferner die Bananen und die Früchte einiger Palmen, namentlich die Kokosnüsse und die Datteln.

Manche Pflanzen liefern ihre Wurzelstöcke und Knollen. Die wichtigsten von ihnen sind die Kartoffel, die noch weiter nach Norden hinauf gedeiht als die Gerste, und Yamspflanze, die in den Tropen heimisch ist und die Hauptnahrung der Südseevölker hergibt.

Die wichtigsten Bestandteile unserer Nahrungsmittel sind die blutbildenden, eiweißartigen, stickstoffhaltigen oder Proteïnstoffe und das Stärkemehl, welches in Verbindung mit jenen Stoffen den nahrhaftesten Teil der Pflanzen bildet. Die Getreidearten und Hülsenfrüchte sind darum die wertvollsten Nahrungsmittel, während Kartoffeln ziemlich tief stehen und 72 Teile Wasser von 100 haben. Rüben haben jedoch unter 100 sogar 89, Weißkohl 91 und Salat gar 94 Teile Wasser.

Zweiter Abschnitt:
Die wichtigsten Familien der Blütenpflanzen.

18. Von den Blütenpflanzen.

Wenn die liebe Sonne Schnee und Eis auftaut, wenn der Winter flieht und der Frühling seinen Einzug hält, dann schmücken sich überall die Fluren. Im Garten erscheint das Schneeglöckchen, und ihm folgen Krokus, Hyazinthen, Osterlilien und Tulpen. Dann blühen die Obstbäume, der Goldregen und die Rosen. Auf dem Felde eröffnen Tausendschönchen, Primel und Busch= windröschen den Reigen. Sumpfdotterblumen und Vergißmein= nicht schmücken die Wiesen. Im Kornfelde prangen Mohn und blaue Kornblumen. Auf den Äckern blüht der Klee, und dann zieht die Heide ihr herrliches Kleid an. Schließlich, wenn schon der Herbstwind weht, finden wir auf den Stoppelfeldern noch Veilchen und Glockenblumen und in den Gärten Georginen, Astern und Sonnenblumen. Sie alle erfreuen uns durch ihre Farbenpracht und ihren Duft, aber wir dürfen nicht denken, daß sie unsertwegen solche Anstalten machen, sondern die Blüte muß eine andere, wichtigere Aufgabe haben.

Die kleine Geschichte von dem Krämer hat uns gezeigt, welchen Zweck die bunten Blumenblätter haben. Sie sollen die Insekten anlocken, damit diese den Blütenstaub auf den Stempel bringen, und wo die Insekten es nicht tun, da wird es vom Wind besorgt, und dann bilden sich im Fruchtknoten die Samen, aus denen wieder neue Pflanzen entstehen. Die Aufgabe der Blüte ist also, Samen hervorzubringen. Darum sind

die wichtigsten Teile der Blüte diejenigen, in denen sich die
Samen entwickeln, nämlich die Fruchtblätter, und die, welche
den Blütenstaub hervorbringen, die Staubblätter. Jene stehen
gewöhnlich in der Mitte der Blüte, diese im Kreise um sie herum.
Ein Fruchtblatt ist entstanden aus einem gewöhnlichen Blatt,
welches sich so zusammengerollt hat, daß es eine Röhre bildet,
die man Stempel nennt. Der obere Teil des Stempels ist
die Narbe, der untere heißt, wenn er erweitert und verdickt
ist, der Fruchtknoten. Den dünnen Teil des Stempels zwischen
Narbe und Fruchtknoten nennt man Griffel, derselbe fehlt
aber sehr oft. Die Staubblätter bestehen meistens aus den
dünnen Staubfäden und den an ihrem oberen Teile sitzenden
Staubbeuteln. Um diese notwendigen Blütenteile herum
stehen wieder in Kreisen diejenigen Blätter, welche den Zweck
haben, sie zu schützen, sie bilden die Blütenhülle. Besteht diese
aus zwei Kreisen, so nennt man den inneren die Blüten=
blätter, den äußeren die Kelchblätter. Da sie nur neben=
sächlichen Zwecken dienen, so fehlt oft einer der beiden Kreise,
oder es ist auch wohl keiner von beiden vorhanden. Eine voll=
ständige Blüte besteht also aus vier Blattkreisen: Kelch, Blüten=
blätter, Staubblätter und Fruchtblätter; wenn einer dieser Blatt=
kreise fehlt, so ist die Blüte unvollständig.

Alle Blütenpflanzen, bei denen die Fruchtblätter zu einem
röhrenförmigen Stempel geworden sind, in dem sich die Samen
entwickeln, nennt man „Bedecktsamige Pflanzen". Es gibt
aber auch Blüten, in denen die Samen nicht vom Fruchtblatte
umhüllt werden, also nicht in einem Fruchtknoten, sondern auf
dem offenen Fruchtblatte sitzen. Das ist der Fall bei den
„Nacktsamigen Pflanzen", zu denen unsere Nadelhölzer
und die fremdländischen Palmfarne gehören. — In dem
Samen ruht der Keim. Kommt dieser mit zwei Keimblättern

aus der Erde hervor, wie wir bei der Bohne gesehen haben, so gehört die Pflanze in die Klasse der „Blattkeimer". Man

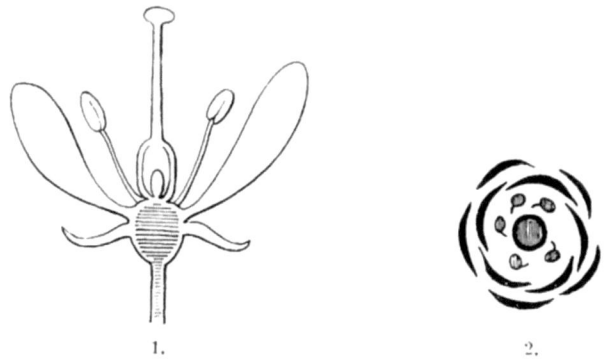

Schematische Darstellung einer vollständigen Blüte.
1. Im Längsschnitt. 2. Im Querschnitt.

erkennt sie leicht daran, daß die Hauptnerven in ihren Blättern fingerig oder fiederig angeordnet sind, wie wir z. B. beim Linden=
blatt sehen. Bei den Pflanzen der zweiten Klasse laufen die Hauptnerven der Blätter dagegen parallel. Sie keimen auch nicht

Lindenblatt. (Etwas unter nat. Größe.)

mit zwei Blättern, sondern nur mit einem, das wie eine scharfe Spitze aus dem Erdboden sich herausbohrt. Man nennt sie darum im Gegensatz zu den zweikeimblättrigen Pflanzen der ersten Klasse „Einkeimblättrige Pflanzen" oder „Spitzkeimer" und rechnet zu ihnen außer den Palmen und den prächtigen Orchideen, den Lilien und Narzißgewächsen die Süß- und Sauergräser und viele Sumpfpflanzen, wie z. B. Binsen-, Rohrkolben- und Froschlöffelgewächse.

Man teilt die Pflanzen aber nicht nur ein in Klassen, sondern man unterscheidet bei ihnen, gerade wie bei uns Menschen, F a m i l i e n. Welche Kinder zu einer und derselben Familie gehören, kann man leicht an ihrer Ähnlichkeit erkennen. Bei den Menschen sieht man es am Gesicht, bei den Pflanzen an der Blüte. Wir wollen nun einige Pflanzenfamilien kennen lernen und zwar zunächst Blattkeimer mit meistens vollständigen Blüten und mit mehreren voneinander getrennten Blütenblättern in der Blütenhülle.

---

19. Hahnenfußgewächse.

Um Ostern blüht schon in lichten Laubwäldern oder im Gebüsch am Waldrande die **Osterblume** oder das **Buschwindröschen**. Ihren Namen hat die Pflanze also nach der Blütezeit und dem Standort, denn zu Ostern sind die Bäume und Gebüsche noch nicht belaubt, und der Wind pfeift hindurch und schüttelt das Röschen im Busch. Freilich, eine Rose ist es nicht,

Grundriß einer Hahnenfußblüte.

Fuß eines Hahnes.

Buschwindröschen. (Nat. Größe.)

aber die Blüte sieht einer solchen doch ähnlich, und so nennt man es Buschwindröschen.

Die Blüte des Buschwindröschens hat in der Mitte viele Stempel, um diese herum stehen zahlreiche Staubblätter mit goldgelben Staubbeuteln. Die Blütenhülle ist nur einfach und besteht aus sechs weißgefärbten Blättern, die außen meist rötlich angehaucht sind. Honig ist nicht in der Blüte. Die Insekten müssen sich also mit dem Blütenstaub begnügen. Um jene Zeit fliegen auch noch nicht viele Blumengäste umher, und darum entwickeln sich bei unserer Osterblume auch nur selten Samen. Sie ist also auf eine andere Art der Vermehrung angewiesen, wie wir weiter unten sehen werden. Meistens hat das Buschwindröschen nur eine Blüte, und diese sitzt an einem hohen, nickenden Schaft, der etwas unterhalb seiner schönen Zierde drei Blätter trägt. Diese hatten früher, als die Blüte noch Knospe war und in der Erde lag, die Aufgabe, sie einzuhüllen und sie somit schützend zu umgeben; man nennt sie deshalb Hüllblätter.

Die eigentlichen Blätter, von denen jede dieser Pflanzen nur ein einziges hat, das von einem langen Stiele getragen wird, kommen aus der Erde hervor. Sehen wir uns so ein Blatt an, so bemerken wir an ihm eine Dreiteilung wie an dem Fuß des Hahnes, der ja auch nach vorn drei Zehen richtet. Man nennt deshalb das Buschwindröschen ein **Hahnenfußgewächs**.

In der Erde hat das Buschwindröschen ein langes braunes Gebilde von der Dicke eines Federkiels, das Ähnlichkeit hat mit einem abgebrochenen Zweig eines Baumes oder Busches. Es ist der Wurzelstock und wir wissen schon, daß er der Pflanze als Vorratskammer dient. Daher erklärt es sich auch, daß diese Blume schon so früh im Jahre wachsen und blühen konnte. Nach unten gehen von ihm die Würzelchen ab, nach oben treibt er Blatt und Blüte. Er verzweigt sich in der Erde, und das Blatt entspringt immer von so einem Seitenzweige. Der Wurzelstock ist kriechend, d. h. er liegt immer dicht unter der Erdoberfläche und folgt ihrer Richtung. Aber er kriecht auch wirklich. An einem Ende, welches wir das Vorderende nennen wollen, bildet sich eine Knospe, und hier wächst er weiter und schiebt sich so durch den Boden vorwärts. Deshalb muß die Knospe auch durch die Hüllblätter geschützt werden, damit sie nicht beschädigt wird. Auf dem Hinterende stirbt der Wurzelstock ab, und wenn dieses Absterben an die Stelle kommt, wo ein Zweig abgeht, so wird der letztere selbständig und bildet auch eine Pflanze. So findet also eine Vermehrung statt als Ersatz für mangelhafte Samenbildung.

Etwas später als das Buschwindröschen blüht die all= bekannte **Sumpfdotterblume**. Auch sie hat ihren Namen nach dem Standort und außerdem nach der Farbe ihrer Blüte, denn diese ist leuchtend dottergelb. Ihr Blütenbau ist genau so wie bei der Blüte der Osterblume. Aber die Form der grünen Blätter ist eine ganz andere. Sie sind nämlich nicht dreiteilig, sondern nierenförmig und entsprechen in ihrer Einrichtung ganz dem Standort der Pflanze (siehe Seite 18 „Wasserverdunstung").

Da nun bei den Pflanzen die Familienähnlichkeit immer in

Sumpfdotterblume. (Nat. Größe.)

der Blüte liegt, so müssen wir trotz der anders geformten Blätter die Sumpfdotterblume auch den Hahnenfußgewächsen zurechnen.

Ebenso verfahren wir mit allen jenen gelben Blumen auf der Wiese, deren Blüten aussehen wie verkleinerte Blüten der Sumpfdotterblume, übrigens aber auch vielfach die Hahnenfußform der Blätter haben. Hierher gehören z. B. der kriechende Hahnenfuß, der goldhaarige, der scharfe, der Acker- und der Gifthahnenfuß. An schattiger Stelle leuchtet im Frühjahr, wenn die Bäume noch nicht belaubt sind, am Boden die goldgelbe Blüte des **Scharbockskrautes**, das seinen Namen nach jener schlimmen Krankheit hat, die man Scharbock oder Skorbut nennt. Hervorgerufen wird das Leiden durch den andauernden Genuß von Pökelfleisch. Als Heilmittel dienten die Knollen des Scharbockskrautes. Heutzutage hat der Skorbut aber seine Schrecken verloren, denn seitdem man es versteht, Konserven in Blechdosen einzumachen, daß sie sich jahrelang frisch erhalten, sind die Polfahrer und Walfischfänger nicht mehr ausschließlich auf Pökelfleisch angewiesen. — Auch im Wasser wachsen Angehörige der Familie, wie z. B. der Wasserhahnenfuß, welcher weiße Blütenhüllen hat. Manche Hahnenfußgewächse haben auch blaue und rote Blüten und öfter eine doppelte Blütenhülle. Einige von ihnen dienen als hübsche Gartenzierpflanzen, wie z. B. die Nieswurz oder Weihnachtsrose, der blaue Sturmhut, der gelbe Sturmhut, aus dessen Saft die alten Germanen ein Pfeilgift zum Töten der Wölfe bereiteten, und der Rittersporn. Die meisten Hahnenfußgewächse sind giftig.

20. Kreuzblütler.

Gleichzeitig mit der Sumpfdotterblume blüht das **Wiesen=
schaumkraut.** Ihren Namen hat die Pflanze nach ihrem Stand=
ort und dem Schaum, der sich häufig
an dem Stengel in der Blattachsel
befindet. Das Volk nennt diesen
Schaum Kuckucksspeichel, aber der
Kuckuck ist unschuldig daran. Die
Flüssigkeit beherbergt nämlich ein
kleines, gelbgrünes Tierchen, die
Larve der Schaumzirpe, und
dieses Insekt macht sich selbst das sonderbare
Haus zum Schutz gegen seine Feinde.

Die Blüte des Schaumkrautes ist voll=
ständig. Sie hat also eine doppelte Blüten=
hülle, nämlich grüne Kelch= und lilagefärbte
Blumenblätter. Nach der Stellung der letzteren
hat die Pflanzenfamilie ihren Namen. Es
sind ihrer vier, die sich je zwei und zwei
gegenüberstehen. Sieht man die Blüte von
oben, so bilden sie ein Kreuz. Das Wiesen=
schaumkraut ist ein **Kreuzblütler.** Es hat
sechs Staubblätter und zwar vier lange
und zwei kurze. Der Stempel besteht aus
zwei Fruchtblättern, die mit den Rändern zu=
sammengewachsen und durch eine häutige Scheide=
wand verbunden sind. Zu beiden Seiten der
letzteren sitzen die Samen. Die Frucht nennt
man eine Schote oder ein Schötchen. Die

Wiesenschaumkraut.
(Nat. Größe.)

Kreuzblütler heißen daher auch **Schotenfrüchtler**. Jedes Kind, das im Hause einen Kanarienvogel hat, kennt die schwarzbraunen, runden Körnchen zwischen dem Vogelfutter, es sind die Samen eines andern Kreuzblütlers, des Rapses.

Der hohe Stengel des Wiesenschaumkrautes erhebt sich aus einer auf dem Boden ruhenden Blattrosette. Die Blätter sind unpaarig gefiedert. Wo sie den Boden oder das Wasser

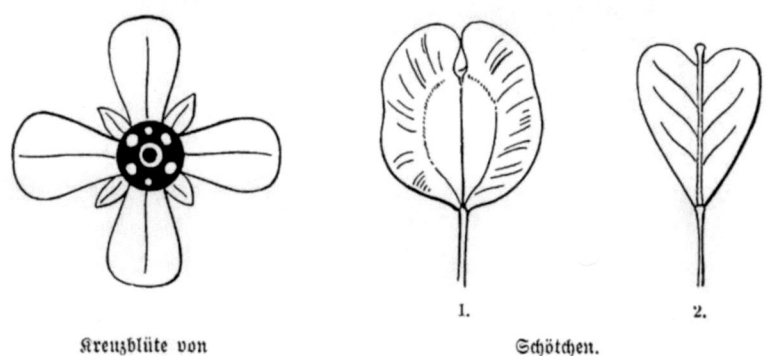

Kreuzblüte von oben gesehen. Schötchen.
1. Vom Hellerkraut. 2. Vom Hirtentäschel.
(Über nat. Größe.)

berühren, bilden sie in den Ansatzstellen der Fiederblättchen Knospen, aus denen neue Pflanzen entstehen. Auch Stengelblätter hat das Schaumkraut, welche immer kleiner werden, je weiter sie nach oben sitzen. In der Erde befindet sich der Wurzelstock mit den Faserwurzeln.

Die Familie der Kreuzblütler ist sehr groß. Es gehören ihr die wichtigsten Gemüsepflanzen, hübsche Zierblumen und lästige Unkräuter an. Unter den ersteren nennen wir die Kohlarten: **Rapskohl, Rübenkohl, Gemüsekohl** und **Senfkohl**. Unter der veredelnden Hand des Gärtners haben diese Pflanzen die verschiedensten Formen angenommen. Besonders gilt das vom Gemüsekohl, den wir essen als Weiß= oder Grünkohl, als

Blühender Gemüsekohl. (Nat. Größe.)

Welsch=, Wirsing= oder Savoyerkohl, als Rosenkohl, Braunkohl, Kohlrabi und Blumenkohl. Der Rübenkohl liefert als Mairübe oder als Teltower Rübchen eine wohlschmeckende Speise, und wenn es zu diesen verschiedenen Kohlgerichten fettes Hammel=

fleisch gibt, so darf das Näpfchen mit dem Senf, der aus dem Samen des Senfkohles gewonnen wird, auf dem Tische nicht fehlen. Aus Raps- und Rübsensamen preßt man das Rüböl, welches in der Schlafstube auf dem Nachttischchen in dem Nachtlicht gebrannt wird. Man verwendet es auch zum Schmieren der Maschinen und zur Herstellung von Seife. Außer den Kohlarten kommen noch Brunnenkresse, Rettich und Meerrettich auf unseren Speisetisch. Im Garten und in Blumentöpfen auf der Fensterbank erfreuen uns Levkoje, Goldlack und Nachtviole durch ihren lieblichen veilchenartigen Duft. Lästige Unkräuter unter dem Getreide sind Ackersenf und Ackerrettich oder Hederich.

Alle bisher genannten Kreuzblütler, mit Ausnahme des Meerrettichs, haben Schoten. Unter den anderen, welche Schötchen tragen, sind den Kindern am bekanntesten das Heller- oder Pfennigkraut und das Hirtentäschel.

21. Veilchengewächse.

Eines der schönsten Kinder des Frühlings ist das **wohlriechende Veilchen**. Seine dunkelvioletten Blütenblätter fallen im Grase und im Gestrüpp unter der schützenden Hecke nicht weithin leuchtend auf, aber desto besser lockt der köstliche Duft die Insekten an.

Die Blüte ist vollständig. Die äußere Hülle besteht aus den fünf grünen Kelchblättern, die innere aus fünf Blumenblättern. Staubblätter sind ebenfalls fünf, Fruchtblätter drei vorhanden. Bei allen Veilchengewächsen zeigt die Blüte denselben Bau. Diese hat die Veranlassung gegeben, daß man dem **dreifarbigen Veilchen** den Namen **Stiefmütterchen** bei-

Veilchengewächse.

Veilchenblüte von hinten.
(¹/₃ über nat. Größe.)

legte und ein Märchen davon dichtete. Die Blumenblätter sind nämlich nicht alle von gleicher Größe, sondern das untere übertrifft die übrigen darin bedeutend. Es zeigt auch die bunteste Färbung, und darum hat man es verglichen mit einer bösen Stiefmutter, die sich selbst prächtig kleidet und so anspruchsvoll ist, daß sie zwei Stühle zum Sitzen haben muß, denn hinter diesem Blatte stehen zwei Kelchblätter. Die Stiefmutter hat zwei Töchter, denen sie ebenfalls bunte Kleider anzieht und ihnen je einen Stuhl gewährt. Es sind die seitlichen Blätter der Veilchenblüte. Dann aber sind noch zwei Stieftöchter da, die nach oben gerichteten Blumenblätter. Sie tragen einfache Kleider und müssen sich zusammen mit einem Stuhle behelfen. Das große untere Blatt bedarf einer besonderen Stütze, denn meistens benutzen die Bienen und die schweren Hummeln dasselbe zum Anflug und zum bequemen Sitzplatze. Dabei halten sie sich an den seitlich gerichteten Blättern fest, die am Eingang zum Honigbehälter mit einem starken, bürstenartigen Haarwuchs versehen sind. Kleinere Insekten können beim Veilchen nicht ankommen, denn der Honig sitzt in dem Sporn, einer sackartigen Verlängerung des großen Blattes, und ist nur mittels eines langen Saugrüssels zu erreichen. Von den fünf Staubblättern senden die beiden unteren

Blüte eines Stiefmütterchens.

je einen langen, grünen Fortsatz hinein in den Sporn, und von diesen wird der Honig abgesondert. An der Spitze sind die Staubblätter mit einem orangefarbigen Fortsatze versehen. Die fünf Fortsätze bilden zusammen einen kegelförmigen Hohlraum, aus dem der Griffel mit der hakenförmig nach unten gekrümmten Narbe hervorsieht. Steckt ein Insekt den Rüssel in den Sporn, so werden die Fortsätze auseinandergedrängt, der Hohlraum öffnet sich und es fällt ein trockener, mehlartiger Blütenstaub auf den Rücken des Besuchers, der ihm in einer anderen Blüte von der Narbe abgenommen wird.

Das Veilchen hat aber auch kleine unscheinbare **Sommer= blüten** ohne Honig und ohne Duft, die sich nicht öffnen und sich selbst bestäuben ohne Beihilfe der Insekten.

Die Samen sind glatte Körnchen, die aus den reifen Kapseln herausspringen, wenn diese eintrocknen. Das Veilchen vermehrt sich jedoch auch durch Ausläufer.

Außer dem wohlriechenden Veilchen und dem Stiefmütterchen ist das hellblaue **Hundsveilchen** am bekanntesten. Es wächst überall, im Walde und an den Hecken der Feldwege. Der Duft fehlt ihm.

---

22. Doldengewächse.

Es ist Sommer geworden. Der Garten liefert bereits seine ersten Erzeugnisse für die Küche. Da geht die Mutter hinaus ans Wurzelbeet und zieht die kräftigsten Pflanzen heraus. Es sind **Möhren** oder **Mohrrüben.** Unterwärts sitzt am Kraut eine lange und dicke, spindelförmige Wurzel. Eigentlich sollte man sagen ein Wurzelstock; derselbe sieht rötlichgelb aus, und man nennt die Pflanze darum auch gelbe Wurzel. Die

Doldengewächse.

Mutter wäscht die Erde ab und schabt die Wurzeln und reicht dem zuschauenden Kinde eine. Das springt davon und beißt fröhlich hinein, denn die Wurzel ist fleischig und schmeckt so süß, daß man Sirup davon machen kann.

Die Blätter der Möhre sind groß, aber die Blatt= flächen bestehen nicht aus einem Stück, sondern sind in viele kleine Abschnitte geteilt. Man sagt: das Blatt ist doppelt gefiedert, und die einzelnen Blättchen sind wieder gespalten, wie bei den meisten Pflanzen dieser Familie. Zu= sammen bildet das Kraut eine Blattrosette.

Aus der Mitte dieser Rosette erhebt sich bei der zweisommerigen Pflanze ein hoher Blütenstiel, der oben einen umfangreichen Blüten= stand trägt. In seiner Form gleicht derselbe einem um= geklappten Regenschirm, denn von einem Punkte des Stieles gehen viele kleine Stiele aus, die wieder aus einem End=

Möhre. (½ nat. Größe.)

punkte eine Anzahl Stielchen entsenden, die je eine winzige weiße Blüte tragen. Eine solche Blütenform nennt man eine Dolde, und

Umgeklappter Regenschirm.

die Pflanzen, welche zu dieser Familie gehören, heißen darum **Doldengewächse** oder **Schirmblütler**. Weil so viele der winzigen Blütchen zu einer Gruppe vereinigt sind, fallen sie trotzdem den honigsuchenden Insekten, kleinen Käferchen und Fliegen auf. Aus jeder Blüte entstehen zwei Früchte, die mit Widerhäkchen tragenden Stacheln besetzt sind und darum Menschen und Tiere zu ihrer Verbreitung benützen können, indem sie sich an ihnen festhalten und sich mitnehmen lassen.

Nicht nur von der Möhre ißt man den Wurzelstock, sondern auch von der Pastinake, vom Sellerie und von der Petersilie. Von dieser zuletzt genannten Pflanze ißt man auch das Kraut als Gewürz. Wenn man es aber schneidet, so muß man sich sehr in acht nehmen, daß man nicht die Blätter von dem sehr giftigen Gartenschierling mitnimmt. Dieselben sehen dem Kraute der glatten Petersilie so ähnlich, daß man die Giftpflanze auch Hundspetersilie nennt. Am liebsten siedelt sie sich im Garten zwischen der echten Petersilie an. Wenn man aber aufmerksam ist, so erkennt man sie an ihrem üblen Geruch und daran, daß ihre Blätter glänzen, als wären sie lackiert. Diese Eigenschaft hat der Pflanze den Namen Gartengleiße eingetragen. Andere sehr giftige Doldenpflanzen sind der gefleckte Schierling und ganz besonders der Wasserschierling. Als Gewürz dient auch noch das Kraut vom Gartenkerbel.

Rosenartige Gewächse.

Von anderen Doldenpflanzen werden die ölreichen Samen als Gewürz und in der Arznei verwandt. Hierher gehören: Kümmel, Anis, Fenchel, Dill.

---

23. Rosenartige Gewächse.

Wer kennt nicht das Märchen vom Dornröschen und das Lied vom Heideröslein. Die Heckenrose, auch Hunds- oder wilde Rose genannt, bildet eine undurchdringliche Mauer um Garten und Feld. Wer hindurch will, den hält sie fest mit tausend

Rosenblüte im Durchschnitt.

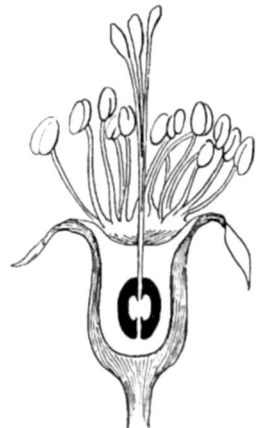

Die wesentlichen Teile der Birnblüte im Längsschnitt.

scharfen hakenförmigen Stacheln und läßt ihn nur los, wenn er sich blutige Wunden reißt. Das Sprichwort sagt: „Keine Rose ohne Dornen", aber es müßte heißen, keine Rose ohne Stacheln, denn Dornen sind verkümmerte Zweige, aber Stacheln sitzen nur auf der Rinde, wovon man sich überzeugen kann, wenn man einige der scharfen Waffen des Rosenstrauches abbricht.

Die **rosenartigen Gewächse** bilden eine große Pflanzenfamilie, die man an den Blüten erkennt. Als Muster kann die Blüte der Heckenrose gelten, da alle andern im Bau mit ihr übereinstimmen oder doch nur wenig abweichen. Sie ist vollständig und steht auf einem krugförmigen Blütenboden. Derselbe schließt mit einem gelben fleischigen Ringe ab und trägt fünf Kelch- und fünf Blumenblätter, sowie zahlreiche Staubblätter. In der Höhlung des Fruchtbodens sitzen viele Fruchtknoten, deren Griffel oben durch eine Öffnung in die Blüte hineinragen. Sobald die Bestäubung und darauf die Befruchtung vollzogen ist, fallen Staub- und Blumenblätter ab, während die Kelchblätter noch sitzen bleiben und vertrocknen. (Beim Apfel nennt man sie die Blume.) Der Fruchtboden, in welchem sich die Samen entwickeln, wächst nun zu einer **Scheinfrucht** heran. Es ist die prächtig rote Hagebutte, d. h. die Butte oder Bütte (= Fäßchen oder Kännlein) im Hag (in der Hecke). Alle rosenartigen Gewächse haben so einen Fruchtboden, der zu einer Scheinfrucht wird und die Samen trägt. Sie sind Kräuter, Halbsträucher, Sträucher oder Bäume.

Von den Kräutern müssen wir hier an erster Stelle die Erdbeeren erwähnen. Man nennt sie, wegen der Beschaffenheit ihrer Früchte, **Steinfrüchtler** wie die Halbsträucher aus dieser Familie, nämlich Brom- und Himbeere.

Die wichtigsten Sträucher sind die Rosen, die in vielen Arten auftreten. Die edle Rose ist von der wilden gezogen worden. Sie ist gefüllt, d. h. die Staubblätter haben sich in Blumenblätter verwandelt. Außerdem müssen wir Schwarzdorn und Weißdorn nennen, der in einer Abart mit roten Blüten Rotdorn genannt wird.

Rosenblüten.

Rosenzweig mit Stacheln, Blüte und Hagebutten. (½ nat. Größe.)

Die nächsten Verwandten des Schwarzdorns oder der Schlehe sind die Pflaumenbäume. Er gehört also gleich den Kirschen, Pflaumen, Zwetschen, Aprikosen, Pfirsichen und Mandeln zum **Steinobst**. Der Weißdorn ist ein sehr naher Verwandter des Apfelbaumes und muß daher gleich ihm, gleich der Birne, der Quitte und der Mispel zum **Kernobst** gerechnet werden. Auch die Eberesche oder der Vogelbeerbaum, aus dessen roten Beeren man in der Apotheke den Apfeläther macht, gehört hierher.

Aus den Samen, die in der Hagebutte sitzen, oder aus den Kernen des Apfels wachsen Pflanzen hervor, werden groß, blühen und bringen Frucht, aber die Blüten werden keine edlen Rosen, und die Früchte werden nur ungenießbare Holzäpfel. Will man herrliche Gartenrosen oder edle Obstsorten haben, so muß man die Pflanzen erst veredeln, d. h. man muß auf die wilde Pflanze einen Zweig oder einen Trieb von einer edlen Pflanze setzen und ihn so anbringen, daß beide zusammenwachsen.

---

24. Steinbrechgewächse.

Von Steinbrechgewächsen haben die Kinder wohl noch nichts gehört, obgleich diese Pflanzen eine artenreiche Familie bilden, deren Angehörige fast alle in der nördlichen gemäßigten Zone beheimatet sind. Die meisten von ihnen wachsen in Gebirgen in Felsspalten, und man hat ihnen den Namen Steinbrech gegeben, weil man meinte, daß sie die Spalten und Risse in dem Gestein erweitern könnten, auch brauchte man sie früher als ein Mittel gegen die Steinschmerzen, also gegen Blasenkrankheiten, doch führen sie in beiden Fällen ihren Namen mit Unrecht. Auch in den Ebenen Norddeutschlands wachsen Pflanzen, die den Namen Steinbrech führen, wie z. B. der knollige Steinbrech, den man auf mageren Triften findet. Die Blumenblätter sind weißlich und rot, sie sehen aus wie eine zarte Malerei, und die Kinder nennen die Pflanzen im Norden wie im Süden darum auch Porzellanblumen. Im Garten findet man den dickblättrigen Steinbrech, der aus Sibirien stammt, als Einfassung der Blumenbeete, und bei manchen Leuten hängt im Fenster eine Blumenampel mit einem hübschen Gewächs, das seine roten Ausläufer tief herabfallen läßt. Das ist der rankende Steinbrech. Fragt das Kind aber die Mutter, wie die Blume heißt, so sagt sie: „Das ist der Judenbart." Im April blüht an feuchten Stellen auf dem Felde schon das wechselblättrige Milzkraut und daneben, wenn auch seltener, das paarblättrige. Beide Milzkräuter haben gelblichgrüne Blüten und sind nur unscheinbare Pflänzchen. Aber der Landmann mag sie aus einem andern Grunde nicht leiden, denn ihr Kraut enthält einen Giftstoff, der den Schafen große Beschwerden bereitet. Gehen wir aber im Herbst ins Moor oder auf feuchte Wiesen, so finden wir ein Blümlein, das jedermann wegen seiner schönen Blüte gern hat. Es ist das Sumpfherzblatt oder Studentenröschen. Man erkennt es leicht an dem einen einzigen herzförmigen Blatt an dem Blütenstiele. In den Gärten und Anlagen treffen wir sehr oft zwei Sträucher, die zu den Steinbrechgewächsen gehören und wegen ihrer Blüten zur Zierde angepflanzt sind. Es sind die Garten-Hortensie, oder wie man auch sagt, die japanische Rose und dann der fälschlich als wilder Jasmin bezeichnete Pfeifenstrauch. Diesen Namen führt die aus Südeuropa stammende Pflanze, weil man ihre langen geraden Schösse zu Pfeifenrohren verarbeitet.

Das sind alles Pflanzen, die den Kindern mehr oder weniger gleichgültig sein werden. Nun kommt es aber anders, denn es gibt auch Steinbrechgewächse, die den Kindern unbeschreiblich lieb sind, weil die Mutter im Sommer aus den Früchten derselben die „rote Grütze" kocht. Also die Johannisbeersträucher sind Steinbrechgewächse, ebenso wie ihre Brüder, die Stachelbeersträucher.

„Aha!" sagt das Kind, „Brombeere, Himbeere, Stachelbeere, Johannisbeere, Erdbeere, ja, das ist eine feine Familie, die lasse ich mir wohl gefallen!" — Halt, halt, ihr jungen Freundchen! Ihr werft ja alles durcheinander wie Kohl und Rüben. So lustig geht es nicht! Ihr habt doch eben vernommen, daß Brombeere, Himbeere und Erdbeere rosenartige Pflanzen sind, und die Stachelbeersträucher und Johannisbeersträucher sind Steinbrechgewächse. Da wollen wir doch einmal die Blüten dieser Pflanzen miteinander vergleichen. Vorher wollen wir uns aber noch merken, daß es ganz nebensächlich ist, ob eine Pflanze Stacheln hat oder nicht, denn der Brombeerstrauch trägt solche Waffen und die Erdbeere nicht, und doch gehören sie zu derselben Pflanzenfamilie, und der Stachelbeerstrauch hat Stacheln und die Johannisbeere hat keine, und doch sind sie Brüder. Die Hauptsache ist immer die Blüte. Vergleichen wir also die Erdbeerblüte mit der Stachelbeerblüte. Vollständig sind sie beide, und beide haben auch fünf Blumenblätter. Während aber diese Blätter bei der Erdbeere weithin leuchtend die Insekten anlocken, sind sie bei der Stachelbeere, obgleich ebenfalls weiß, doch so klein und unscheinbar, daß die zurückgeschlagenen fünf rötlich gefärbten Kelchgipfel sie unterstützen müssen, wenn die fliegenden Gäste, die Bienen, aufmerksam gemacht werden sollen. Die fünf Staubblätter der Stachelbeerblüte stehen im Schlunde des Kelches, die vielen der Erdbeere auf demselben. Viel auffallender ist aber der Unterschied zwischen den Früchten, denn die Stachel- und Johannisbeeren haben viel mehr Ähnlichkeit mit einer Beere aus der Weintraube als mit einer Erdbeerfrucht.

---

25. Schmetterlingsblütler.

Wir hatten uns vorgenommen, in den Sommerferien recht oft ins Feld zu gehen, und nun, da sie angefangen sind, haben wir auch schon den ersten Spaziergang gemacht. Wir kamen durch eine recht sandige Gegend. An einigen Stellen wuchs nur sehr dürftiges Gras, dann folgten Heidekraut und Ginster und wieder Flächen, wo der kahle Sandboden zwischen dem Grase zu sehen war. Aber ohne Schmuck waren diese Stellen nicht, denn es wuchsen auf ihnen die hohen, alle andern Pflanzen ihrer Umgebung überragenden, dunkelgrünen **Besensträucher**. Sie sind immergrüne Pflanzen, und wir wissen bereits warum, und kennen auch den Grund, weshalb sie nur so wenige und so kleine Blätter haben. Heute aber rufen sie unser Interesse ganz besonders wach durch die Fülle und die Pracht ihrer goldgelben Blüten. Dieselben haben eine eigentümliche Form; man hat sie mit einem sitzenden Schmetterlinge verglichen. Deshalb sagt man, der Besenginster oder Besenstrauch ist ein **Schmetterlingsblütler**.

Zweig vom Besenginster mit bestäubter und unbestäubter Blüte.
(Etwas unter nat. Größe.)

Wir wollen uns eine solche Blüte einmal ansehen. Sie ist vollständig, denn wir sehen eine doppelte Blütenhülle, nämlich einen grünen, fünfzipfligen Kelch und gelbe Blumenblätter und außerdem Staubblätter und den Griffel. Fünf Blumenblätter können wir zählen, und diese haben verschiedene Namen. Das oberste schwebt über den andern wie eine Fahne und wird auch so genannt. Die beiden seitlichen heißen Segel, und die beiden unteren, welche sich fest zusammenschließen und darum Ähnlichkeit mit einem Boote haben, heißen das Schiffchen. Die Staubblätter, es sind ihrer zehn, bilden ein Bündel, sie sind das Schiffsvolk, und der Griffel, der wie eine Uhrfeder aufgerollt ist, stellt den Kapitän vor. Wenn noch keine Insekten die Blüte besucht haben, so ist das Schiffchen dicht geschlossen, denn es darf kein Regen hineinkommen, sonst würde der mehlartige Blütenstaub verdorben. All und jedes Insekt nimmt das Schiffchen auch nicht auf, mit kleinen Besuchern will die Blüte nichts zu tun haben. Es müssen schon große Hummeln sein, die zugelassen werden wollen. Wir nehmen eine Blüte mit einem geschlossenen Schiffchen und drücken die Spitze desselben nieder, dabei bemerken wir, daß wir schon einen ziemlichen Druck ausüben müssen. Plötzlich springt das Schiffchen auf, die Staubblätter kommen hervor, und eine Wolke von Blütenstaub fliegt in die Luft. Es ist gerade, als wenn das Schiffsvolk aus Freude über den ansehnlichen Passagier hurra rufen wollte und die Mützen in die Luft wirft. Wenn dieser aber in die Kajüte will, so macht sich Herr Kapitän Uhrfeder über ihn her und sagt: „Halt, lieber Freund, auf meinem Schiff muß man bezahlen!" und dann nimmt er ihm den Blütenstaub ab. Er ist immer auf seinem Posten, dieser Kapitän Uhrfeder, und war der erste, der aufsprang, als das Schiffchen Besuch bekam.

Als wir nun weitergehen, fällt uns ein, daß wir an dem Goldregenbaum in unserem Garten ja ganz gleiche Blüten gesehen haben. Der ist also auch ein Schmetterlingsblütler. Und nun sehen wir auf den Feldern eine ganze Menge Pflanzen, die zu dieser Familie gehören. Da sind die blauen und die bunten Wicken, die Platterbsen, Hornklee und Steinklee, auch die übrigen Kleearten und der weiße und der rote Klee ebenfalls, denn ihre Köpfchen bestehen aus lauter kleinen Schmetterlingsblüten.

Auf dem Rückwege gehen wir im Garten vor, denn dort sehen wir die Mutter beschäftigt. Sie pflückt Erbsen. Das ist ja wieder dieselbe Blütenform. Also die Erbsen und die Bohnen und die Linsen und dort auf dem Beete die Lupinen

Schmetterlingsblütler.

sind auch alle Schmetterlingsblütler. — Nun gehen wir nach Hause und helfen der Mutter, die Erbsen auszupahlen, d. h. die Früchte von dem umhüllenden Fruchtblatte zu befreien. Dieses hat sich nämlich der Länge nach von der Mittelrippe an gebogen und ist mit seinen Rändern zusammengewachsen, daß es eine Hülse bildet. Darum nennt man die Schmetterlingsblütler auch **Hülsenfrüchtler** und ihre Samen **Hülsenfrüchte.**

Die Schmetterlingsblütler dienen dem Menschen zu mancherlei Zwecken. Zu seiner Nahrung baut er Erbsen, Bohnen, Linsen und an manchen Stellen auch eine Wicke an, die man „Große Bohne" nennt. Als Viehfutter benutzt er außer den genannten Pflanzen die Wicken und Platterbsen und den Klee. Die Lupinen müssen den Acker düngen. Zur Zierde pflanzt man Goldregen, Robinien, Feuerbohnen und bunte Erbsen, sowie Lupinen. Zum Färben braucht man die Indigopflanze und den Färberginster. Andere Pflanzen benutzt man in der Medizin, wie z. B. das Süßholz, aus dem man Lakritzen macht. Giftig ist der Goldregen oder Bohnenbaum.

Hülse einer Erbse. (²/₃ nat. Größe.)

26. Rebengewächse.

An dem Giebel unseres Hauses, der nach Südosten gerichtet ist, befindet sich ein Gerüst von Holzleisten, das „Spalier" genannt wird. An ihm erhebt sich ein **edler Weinstock**. Seine Reben breiten sich aus über die ganze Wand, seine schön geformten Blätter richten ihre großen Blattflächen der Morgensonne entgegen, und dazwischen summen Bienen um die zahlreichen Blütensträuße. Wie ist es dem Weinstock möglich, sich an den Leisten zu halten? Er hat Ranken. Das sind fadenförmige Zweige, mit denen er sich an fremde Gegenstände anklammert. Strecke deinen Arm aus, als wenn du auf jemand zeigen willst, und nun laß die Spitze deines Zeigefingers, indem du deinen Arm drehst, langsam einen Kreis beschreiben. Eine solche Bewegung macht die Weinranke fortwährend, bei kühlem Wetter langsamer, bei warmer Witterung schneller. Berührt sie dabei einen Gegenstand, etwa eine Leiste vom Spalier oder den Zweig eines Baumes, so wickelt sie sich um denselben herum und hält fest, und da sie mit der Zeit verholzt, so klammert sich der Weinstock mit diesen tausend Händen an, als ob er mit Draht angebunden wäre.

Die Blüten des Weinstocks stehen in aufrechten Sträußen, die erst später durch das Gewicht der Trauben heruntergezogen werden und dann die hängende Stellung einnehmen. Die einzelne Blüte ist klein und unscheinbar. Sie hat einen napfartigen, fünfzipfligen Kelch und fünf Blumenblätter, die unten getrennt, aber oben zusammengewachsen sind und so eine Kappe bilden, welche Staubblätter und Griffel schützt. Ihre

Torflandschaft.
I. Heidelbeere. II. Gemeine Heide. III. Sumpfheide. IV. Wollgras. V. Moosbeere.

Nebengewächse. 73

Weinrebe.
(Weit unter nat. Größe.)

Farbe ist grün; sie zieht nicht die Blicke der Insekten auf sich. Wenn die Staubblätter größer werden und sich strecken, so fällt die Kappe ab. Die Insekten werden dann angelockt durch den köstlichen Duft und finden Labung in den fünf gelben Honig= drüsen am Grunde des flaschenförmigen Griffels.

Die Früchte des Weinstocks sind Beeren, die grün, gelb, rot oder blau gefärbt sein können. In jeder Weinbeere sitzen 1 bis 4 Samen. Ihre Verbreitung geschieht durch Vögel, gerade wie bei der Erdbeere. Man genießt die Weintrauben in frischem

Zustande und getrocknet als Rosinen und Korinthen. Die letzteren sind sehr klein und haben keine Kerne. Sie werden in Griechenland angebaut. Die Mutter verwendet Rosinen und Korinthen in der Küche, auch der Bäcker braucht sie, wenn er Kuchen backt. Aus den Trauben preßt man den Saft. Wenn er noch frisch ist, heißt er M o st, und aus diesem entsteht der Wein. F ü r K i n d e r i st d a s W e i n t r i n k e n s e h r s ch ä d l i ch.

27. Heidekrautgewächse.

Wir sind hinausgewandert in die blühende Heide mit den dunklen Tannen, den weißstämmigen Birken und den roten Vogelbeeren. In schimmernder Pracht liegt sie vor uns, umgibt uns mit zartem Rosa und strahlt in leuchtendem Rot. Ein bläulicher Schimmer legt sich über sie und wird weiterhin zum dunklen Violett, bis alles verschwindet in unabsehbarer Ferne.

Man darf sich die Heide nicht vorstellen als eine wüste Landschaft, sondern man findet in ihr angebautes Land: Äcker mit Roggen und Hafer, Buchweizen, Rüben und Kartoffeln, daneben auch kleine Waldungen, aber die weitesten Strecken sind doch bedeckt mit dem **Heidekraut**.

Der Heidebauer verwendet die Pflanze auf mancherlei Weise. Er mäht sie ab und deckt mit ihr sein Häuschen und seine Stallungen. Er gibt sie dem Vieh als Streu und heizt mit ihr seinen Ofen. Im Herbst steckt er sie bei trockenem Wetter in Brand, damit die Asche dem Boden Dünger gibt. Dann pflügt er das Land um und sät Buchweizen. Die Regierung hat verboten, die Heide im Frühjahr und Sommer abzubrennen, weil durch das Feuer zu dieser Jahreszeit so vielen jungen Vögeln und anderem nützlichen Getier ein grausamer Tod bereitet würde. Die größte Bedeutung hat aber die Heidepflanze für die Bienenzucht, denn sie liefert einen vorzüglichen Honig und gewährt somit dem Bienenvater einen guten Erwerb.

Wir pflücken uns einen Zweig des Heidekrautes ab und merken dabei, daß wir für die Pflanze fortwährend einen verkehrten Namen gebrauchen. Die Stengel sind ja holzige Stämmchen, und man müßte von Rechts wegen Heidestrauch sagen, statt Heidekraut. Die Blätter sind winzig klein und an den Rändern zurückgerollt. Die Pflanze behält sie auch während des Winters, und wir erinnern uns an das Kapitel von den immergrünen Pflanzen im ersten Abschnitt dieses Büchleins.

Gemeine Heide. (Etwas unter nat. Größe.)

Sumpfheide. (Etwas über nat. Größe.)

Betrachten wir die Blüte, so finden wir, daß sie nur sehr klein ist, aber die bunte Färbung des Kelches und die Menge der Blüten gleichen diesen Nachteil wieder aus. Etwas weiterhin auf dem Moorboden finden wir die Sumpf- oder Glockenheide mit ihren wunderhübschen Blumen. Diese Blüten sind bedeutend größer als die des gemeinen Heidekrautes. Sehen wir uns die Blütenhülle an, so finden wir einen merkbaren Unterschied zwischen ihr und allen Blüten der bisher besprochenen Familien. Während nämlich bei den Hahnenfußgewächsen und allen nachfolgenden die Blumenkrone aus einzelnen voneinander getrennten Blättern besteht, sind diese bei den Heidekrautgewächsen und den nun folgenden Pflanzenfamilien miteinander verwachsen. Die Blumenkrone ist also mehr oder weniger röhren= oder glockenförmig. Das ist das Kennzeichen der 2. Gruppe der Blattkeimer.

Zu den Heidekrautgewächsen gehören auch zwei Giftpflanzen, nämlich die An= dromeda oder Rosmarinheide und der Sumpf= porst, der auch wilder Ros= marin genannt wird. Zweige und Blätter die= ser Pflanze ent= halten viel Gerbstoff. Der Saft wirkt narkotisch oder betäubend und wurde früher dem Biere zugesetzt, um die berauschende Wirkung desselben zu erhöhen. — Auch die Alpenrosen sind heide= ähnliche Gewächse. Es sind teil= weise hohe Sträucher mit schön gefärbten Blüten, und deshalb werden sie in Gärten und An= lagen zur Zierde angepflanzt, während die ebenfalls hierher gehörigen Azaleen als Topfzier= pflanzen dienen.

Sehr nahe Verwandte der

Heidelbeere. (Etwas unter nat. Größe.)

Heidekrautgewächse sind die Heidelbeergewächse, also Heidelbeeren zum Beispiel und die Preißelbeeren, welche den Kindern zum Nachtisch so gut schmecken. Die schwarzen, bläulich angelaufenen Heidelbeeren oder Bickbeeren ißt man frisch vom Strauch oder mit Milch und Zucker. Man macht Kompotts und kocht Suppe von ihnen, ganz besonders gut schmecken auch die Bickbeerpfannkuchen. Getrocknete Heidelbeeren sind ein vorzügliches Mittel gegen Durchfall. Hauptsächlich dienen sie aber zum Färben des Rotweines. Die Preißel- oder Kronsbeeren sind rot. Wegen ihres angenehmen, säuerlichen Geschmackes werden sie als Zusatz zu allerlei Backwerk benutzt und auf verschiedene Weise eingemacht, als Erfrischungsmittel den Fleischspeisen beigegeben.

In Deutschland wachsen vier Arten der Heidelbeergewächse. Es sind niedrige Sträucher, von denen drei Arten, nämlich die gemeine Heidelbeere, die Morastheidelbeere und die Preißelbeere aufrecht stehende Stengel haben, während die Stengel und Äste der Moosbeere weithin kriechend den Boden der Torfsümpfe und Moorgründe überziehen. Gleich den Preißelbeeren sind auch die Früchte der Moosbeere rot, und beide Pflanzen haben auch immergrüne Blätter. Die Blütenhülle der Moosbeere ist radförmig, die der Preißelbeere glockig. Bei der gemeinen Heidelbeere und der Morastheidelbeere finden wir eiförmige oder kugelige Blütenhüllen und schwarze Beeren. Die erste Pflanze wächst am liebsten in lichten Wäldern, die zweite ist eine Torfpflanze. Sie sind leicht zu unterscheiden, denn die Morastheidelbeere hat stielrunde Zweige, während ihre Schwester scharfkantige Stengel und Zweige hat.

Nachtschattengewächse.

Moosbeere. (Etwas über nat. Größe.)

28. Nachtschattengewächse.

Von allen Schätzen, welche die Spanier aus der Neuen Welt mitbrachten, war das Wertvollste ein unscheinbares Gewächs, ein Kraut, das sich alle Länder Europas und überhaupt den größten Teil der Welt erobert hat. Von Spanien kam die Pflanze nach Italien und die Italiener nannten ihre eßbaren Knollen „Tartuffoli", und daraus entstand bei uns das Wort **„Kartoffel"**.

Schon im ersten Abschnitt dieses Büchleins haben wir durch die kleine Erzählung von der Hausfrau erfahren, daß die Kartoffelknolle eine Speisekammer ist, in der die Pflanze

Nahrung aufspeichert für das kommende Frühjahr. Die Knollen sind nicht die Früchte der Pflanze, sondern sie treiben Knospen, aus denen Stengel werden. Folglich sind sie selbst unterirdische Stengel, wie die Wurzelstöcke der Möhren und Rüben und wie die Zwiebeln, und wie diese werden sie von den Menschen gegessen.

Der kantige Stengel der Kartoffelpflanze trägt große, unpaarig gefiederte Blätter und Blütensträuße. Die einzelne Blüte ist vollständig. Sie hat einen fünfzipfligen Kelch von grüner Farbe, ein radförmiges, ebenfalls fünfzipfliges Blütenblatt, das weiß oder lila gefärbt ist, ferner fünf Staubblätter mit leuchtendgelben Staubbeuteln, die, zu einer kegelförmigen Röhre vereinigt, den Griffel umgeben, dessen Narbe sie überragen. Trotz ihrer auffälligen Erscheinung werden die Kartoffelblüten nur selten von Insekten besucht, denn sie haben ihnen nicht viel zu bieten. Honig ist überhaupt nicht und Blütenstaub nur in ganz geringer Menge vorhanden, da die Blüten aber nickend hängen, so fällt der reife Blütenstaub auf die Narbe. Die Kartoffelblüte bestäubt sich also selbst. Die Frucht ist eine Beere, die wegen ihrer Form auch „Kartoffelapfel" genannt wird.

Während die Kartoffelknollen für Menschen und Vieh genießbar sind, enthalten die grünen Teile der Pflanze einen schädlichen Giftstoff, der sich namentlich in den Beeren findet. Wir wissen bereits, daß derselbe ein Abschreckungs- und Schutzmittel gegen pflanzenfressende Tiere ist.

Die Familie, zu welcher die Kartoffel gehört, heißt wegen des düsteren Aussehens ihrer Angehörigen „Nachtschattengewächse" und besteht aus lauter Giftpflanzen. Zwar sind dieselben, wie wir ja eben gesehen haben, nicht in allen ihren Teilen giftig, aber einen schädlichen Stoff enthalten sie doch sämtlich in einigen Teilen, und der Genuß desselben erregt Kopfschmerz, Schwindel, Übelkeit, Erbrechen,

Giftpflanzen.

1. Bilsenkraut. 2. Tollkirsche, a) Beere, b) Zweig. 3. Herbstzeitlose. 4. Tabak.
5. Bittersüß. 6. Stechapfel. 7. Schwarzer Nachtschatten.

Krämpfe und dergleichen schlimme Zustände und kann den Tod herbeiführen.

Gleich der Kartoffel stammt aus Amerika die Tomate, eine Pflanze, welche ihr ganz außerordentlich ähnlich ist. Die großen roten Beeren derselben nennt man Liebesäpfel. Man ißt sie und verwendet sie namentlich zur Herstellung von Saucen. Auch die Früchte des sogenannten „Spanischen Pfeffers" benützt man als Gewürz.

Auf Schutthaufen und an Wegen wächst eine sehr schlimme Giftpflanze, deren Blüten aussehen wie kleine Kartoffelblüten, und die pechschwarze Beeren trägt. Es ist der „Schwarze Nachtschatten". Nicht so schlimm ist der „Bittersüße Nachtschatten" mit dunkelvioletter Blütenhülle und roten Beeren, der in Hecken, an Wassergräben und an Flußufern wächst.

In lichten Wäldern findet man einen strauchartigen Nachtschatten mit bräunlichen Glockenblüten und schwarzen, kirschenähnlichen Beeren. Es ist die so berüchtigte Tollkirsche. Trotz ihrer Giftigkeit gewährt sie uns aber doch einen bedeutenden Nutzen, denn ihr Saft ist ein unentbehrliches Mittel in der Augenheilkunde.

Manche Nachtschattengewächse haben statt der Beeren Fruchtkapseln. Hierher gehören zwei ganz schlimme Giftpflanzen, die wir in unserer Heimat meistens auf Schutthaufen und an Wegen finden: das Bilsenkraut und der Stechapfel. Wie beim Schwarzen Nachtschatten erregt schon der Geruch des frischen Krautes Kopfschmerzen und Schwindelanfälle.

Eines der wichtigsten Nachtschattengewächse ist noch der Tabak. Der in ihm enthaltene Giftsaft heißt Nikotin. Bei übermäßigem Rauchen zeigt er alsbald seine schlimme Wirkung. Für Kinder ist der Genuß des Tabaks unter allen Umständen sehr schädlich.

29. Giftpflanzen.

Wiederholt haben wir nun schon von Giftpflanzen gesprochen; darum wollen wir jetzt erst einmal fragen: Was ist eigentlich Gift? — Unter „Gifte" versteht man solche Stoffe, deren Einführung in den Körper Krankheitserscheinungen zur Folge hat und sogar den Tod herbeiführen kann. Sie können aus allen drei Naturreichen herstammen, also tierischen Ursprung haben, aus den Pflanzen kommen, dem Mineralreiche entnommen sein und in festem, tropfbar flüssigem und luftförmigem Zustande auftreten. In den Körper gelangen sie durch Einatmung, durch Einsaugen mittels der Haut, bei Verwundungen und mit Speisen und Getränken. Einige wirken ätzend und rufen Entzündungen hervor, andere üben auf die Nerven eine betäubende oder narkotische Wirkung aus, manche haben beide Eigenschaften miteinander verbunden, und noch andere erzeugen eine fäulnisähnliche Zersetzung des Blutes. Auch der Grad oder die Heftigkeit der Wirkung ist bei den Giften überhaupt und auch bei einem und demselben Giftstoffe verschieden. Ein Gift, das bei einem Tiere unfehlbar den Tod verursacht, ruft bei einem andern kaum eine leichte Unpäßlichkeit hervor. Manchmal spielen äußere Einflüsse, wie z. B. die Lufttemperatur bei Schlangenbiß, eine bedeutende Rolle, und man kann sich auch allmählich an den Genuß von Giften gewöhnen. Außerdem dienen manche und gerade die schädlichsten Gifte, wenn sie in kleinen Mengen angewandt werden, als wichtige Heilmittel; denken wir z. B. an das Atropin aus der Tollkirsche, an die Blausäure, an Strychnin und Morphium.

Sehr viele Gifte entstammen dem Pflanzenreiche. Ihre

Wirkung ist entweder ätzend oder narkotisch, oder sie rufen Durchfall hervor. Zu den ersteren gehören die Giftstoffe vieler Hahnenfuß= und Wolfsmilchgewächse. Narkotisch wirken Opium, Schierlingsgift und die Säfte der Nachtschattengewächse. Beide Eigenschaften vereinigen Tabak und Stechapfel, der rote Finger=hut, der Sturmhut, die meisten giftigen Pilze und andere. Be=kannt ist die Wirkung von Rizinus und Kroton. Eine ganze Reihe ausländischer Pflanzen liefert Pfeilgifte.

Von den in Deutschland wildwachsenden Pflanzen und den in Gärten und Treibhäusern gezogenen sind als giftig bekannt die zu den Hahnenfußgewächsen gehörenden Pflanzen: die Wald=rebe, die verschiedenen Arten des Windröschens mit ihren nächsten Verwandten, die Küchenschelle, Adonisröschen, Scharbockskraut, der scharfe Hahnenfuß und der brennendscharfe, wie der große Hahnenfuß, der Gifthahnenfuß und fast alle übrigen echten Hahnenfußgewächse, ferner die Sumpfdotterblume, die grüne und die schwarze Nieswurz oder Weihnachtsrose, die Acklei und die Ritterspornarten, namentlich der südeuropäische scharfe Ritter=sporn, aus dem man Salbe zum Töten des Kopfungeziefers macht, dann der gelbe und der blaue Sturmhut. Unter den Mohngewächsen sind die schlimmsten: der Klatschmohn oder die Klatschrose, die mit ihren feuerroten Blumen im Kornfelde so prächtig aussieht, der Schlafmohn und das überall an Hecken wachsende Schöllkraut, dessen gelber Saft gebraucht wird, um die häßlichen Warzen hinwegzuätzen. Weit harmloser sind die Veilchenarten, während die Schirmblütler wieder einige sehr schlimme Giftpflanzen aufzuweisen haben, nämlich: Wassernabel, Meisterwurz und Wasserschierling, Wasserfenchel und Gartengleiße oder Hundspetersilie, den gefleckten Schierling und den betäubenden Kälberkropf und andere schwächere Giftpflanzen, die etwa dem Efeu gleichstehen. Selbst unter den rosenblütigen Pflanzen gibt

Giftpflanzen.

es giftige, denn die Mandeln enthalten Blausäure, ebenso wie Traubenkirschen und Kirschlorbeer. Sehr übel berüchtigt ist der zu einer andern Familie gehörende, aus Nordamerika stammende Giftsumach, den wir bei uns in öffentlichen Anlagen zur Zierde angepflanzt finden. Unter den Schmetterlingsblütlern nennen wir den Goldregen, die Robinie und den Blasenstrauch und die entfernt verwandte südamerikanische Erdeichel. Schwach giftig sind auch der gemeine Kreuzdorn und sein Bruder, der Faulbaum. Berüchtigt sind die Wolfsmilchgewächse, zu denen unter anderen der Buchsbaum, die Rizinuspflanze und der Purgierkroton gehören. Schwach giftig ist auch der Sauerklee, aus dessen Blättern das Kleesalz gewonnen wird, das zur Entfernung von Tintenflecken dient und auch als Heilmittel verwandt wird, in größeren Mengen genossen aber als tödliches Gift wirkt. Die Milzkräuter, die zu den Nelken gehörende Kornrade, auch Kaffee und Tee sind Giftpflanzen, ebenso wie die Schneeballsträucher und die Geißblattgewächse. Dem Kaffee sehr nahe verwandt ist die brasilianische, sehr giftige Brechwurzel. Ihr gleich an Wirkung sind die Verwandten des Oleanders, dessen Saft Augenentzündungen hervorruft, weshalb man sich beim Abbrechen der Triebe vorsehen muß, daß man mit den Fingern nicht in die Augen kommt. Drei Brüder sind es, drei böse Brüder, diese Verwandten, die aus Ostindien, von Java und von den Philippinen stammen, nämlich der Krähenaugenbaum, die javanische Brechnuß oder der Upasstrauch und die Ignatie. Aus ihnen bereiten die Eingeborenen Javas ein furchtbares Pfeilgift, und ihre Samen liefern Strychnin, welches nächst der Blausäure das fürchterlichste und durch Starrkrampf am schnellsten tötende Pflanzengift ist. Giftig ist auch der bei uns in lichten Wäldern und Gebüschen wachsende Hundswürger, dann die schon mehrfach erwähnten Nachtschattengewächse und die ihnen nahestehenden Winden, der rote und

der gelbe Fingerhut, die Läusekrautarten und das zu den Schlüssel=
blumen oder Primeln gehörende Alpenveilchen. Von den Heide=
gewächsen nennen wir die Andromeda und den Sumpfporst, von
den Korbblütlern vor allen Dingen die beiden Brüder des Garten=
salates, den wilden Lattich und den Giftlattich. Sehr giftig ist
der schöne Seidelbast, schwach nur Hanf und Hopfen, ferner die
Haselwurz und die Narzissen. Unter den Liliengewächsen sind
die schlimmsten: die Herbstzeitlose, die Germerarten, die vier=
blättrige Einbeere und die Kaiserkrone. Giftpflanzen sind ferner:
der gefleckte Aron und der Froschlöffel, unter den Süßgräsern
der Taumellolch, unter den Nadelhölzern die Eibe und der
Sadebaum. Dann folgen die Pilze, auf die wir später zurück=
kommen werden.

 Pflanzengifte gelangen bei uns meistens zwischen den Speisen
und Getränken in den Körper, also zunächst in den Magen.
Sobald nun Vergiftungserscheinungen auftreten, ist es die erste
und wichtigste Aufgabe, das Gift möglichst schnell aus dem Körper
zu entfernen. Man reiche dem Kranken größere Mengen von
lauem Wasser oder lauwarmer Milch und suche durch Kitzeln
des Rachens Erbrechen zu erregen. Gelingt dies nicht, so wird
der Arzt Brechmittel verordnen und im Notfalle den Magen
auspumpen. Ist die Vergiftung eine narkotische, so empfiehlt es
sich, dem Patienten schwarzen Kaffee oder schwarzen Tee zu reichen,
ihm das Gesicht mit Wasser zu bespritzen und Eisumschläge um
den Kopf zu machen. In schweren Fällen muß man den Kranken
zum Gehen anhalten und künstliche Atembewegungen anstellen,
auch bei Ermattung Wein und andere Reizmittel anwenden.

30. Korbblütler.

Die größte von allen Blumen, die im Garten wachsen, ist die **Sonnenblume**. Ihr Stengel wird über mannshoch, und ihre Blattflächen sind größer als eine Manneshand. Die mächtige Blüte gleicht einer strahlenden Sonne. Betrachten wir sie genauer, so finden wir, daß es nicht eine einzelne Blüte ist, sondern eine Gemeinschaft unendlich vieler winzig kleiner röhrenförmiger, gelblichbrauner Blütchen, die dichtgedrängt zu einem scheibenförmigen Blütenstande vereinigt sind. Man nennt sie darum S ch e i b e n = b l ü t e n. Rundherum am Rande der Scheibe sitzt ein einfacher Kranz von großen, goldgelben Gebilden, die man auf den ersten Blick für Blütenblätter halten könnte. Es sind aber keine Blätter, sondern blattförmige Blüten, die am Anfange aus einer kleinen Röhre bestehen, dann aber nach einer Seite hin band- oder zungenförmig ausgezogen sind. Nach ihrer Form heißen sie Z u n g e n b l ü t e n. Man nennt sie auch R a n d b l ü t e n oder, weil man sie mit den Strahlen der Sonne vergleichen kann, S t r a h l e n b l ü t e n. Staub- und Fruchtblätter sucht man in den Strahlenblüten vergeblich. Sie sind also unfruchtbar und haben nur den Zweck, die Insekten auf den Blütenstand aufmerksam zu machen. Die Scheibenblüten, die nach ihrer Form auch R ö h r e n b l ü t e n heißen, sitzen am Grunde eines kleinen, dreizackigen Blattes, welches man, da es sich bei der Fruchtreife spreuartig trocken anfühlt, das S p r e u b l ä t t ch e n nennt. Die Scheibenblüten sind vollständig. Der Kelch besteht aus zwei Blättchen, die auf dem Fruchtknoten sitzen. Die Blumenkrone ist eine Röhre. In ihr sitzen fünf Staubblätter, deren Staubbeutel ebenfalls zu einer Röhre zusammengewachsen sind und den langen

Griffel umschließen. Dieser ragt über sie hinaus und endigt in zwei Narben. Daraus können wir entnehmen, daß auch zwei Fruchtblätter vorhanden sind. Dieselben schließen einen großen, glatten Samen ein. Wegen ihrer Schwere hängt die Blüte nickend. Schüttelt der Wind sie, so werden die Samen weit umher gestreut. Sind sie ausgefallen, so sieht man, daß sie in einem polsterartigen Fruchtboden gesessen haben. Dieser nebst sämtlichen Blüten wird umschlossen von einem großen gemeinschaftlichen Hüllkelche, dessen Blätter dachziegelartig übereinander sitzen. Das Ganze hat Ähnlichkeit mit dem Korbe einer Blumenverkäuferin, mit dem sie herumgeht und ihre Rosen und Blumensträußchen feilbietet. Darum nennt man die Sonnenblume einen **Korbblütler.** Der Bau der Blüten aller Pflanzen, die zu dieser Familie gehören, ist wesentlich derselbe. Vielen fehlen die Spreublättchen, bei manchen ist der Kelch der Einzelblüte nur wenig entwickelt oder in eine Haarkrone umgewandelt. Bei der blauen Kornblume sind die Randblumen tütenförmig.

Die Korbblütler bilden eine sehr große Pflanzenfamilie. Neben der Sonnenblume wachsen in unseren Gärten G e o r g i n e, A st e r und T a u s e n d s ch ö n. Auf Lehmboden entfaltet im ersten Frühjahr der H u f l a t t i ch seine goldigen Blüten, und die K l e t t e breitet ihre riesenhaften Blätter aus. Auf den Wiesen prangt der L ö w e n z a h n (siehe Seite 38 „Wanderburschen"), und auf dem Acker macht die D i s t e l dem Landmann Verdruß. Lästige, aber hübsche Unkräuter sind die b l a u e K o r n b l u m e, die g e l b e S a a t w u ch e r b l u m e, die w e i ß e W u ch e r b l u m e und die H u n d s k a m i l l e. In der Apotheke verwendet man die e ch t e K a m i l l e und den R a i n f a r n, dem die Strahlenblüten fehlen. Diese letzte Pflanze hat den Namen nach ihren farnartigen Blättern und weil sie am Feldrain wächst. Man bereitet aus ihr Arzneimittel gegen Eingeweidewürmer. Sehr wichtig sind für die

Korbblütler.

1. Sonnenblume. 2. Blaue Kornblume. 3. Rainfarn.

Medizin die **Ruhrkräuter**, zu denen auch das **Edelweiß** gehört, und der **Berg=Wohlverleih**, aus dem Wundbalsam gemacht wird. Schließlich erwähnen wir noch als wichtige Küchenpflanze den **Kopfsalat**. Zu den Ödpflanzen unter den Korbblütlern gehört der **Beifuß**.

---

31. Lippen- und Rachenblütler.

Die Blüte der Pflanzen, die man zu den **Lippenblütlern** rechnet, ähnelt einem offenen Munde mit vorgestreckter Ober= und Unterlippe. Die letztere ist in der Regel ziemlich groß und hat gewöhnlich mehrere Lappen, damit sie den Insekten einen bequemen Anflug und Sitz bieten kann, wenn sie kommen, um sich an dem süßen Safte zu laben. Die Staubblätter — es sind zwei lange und zwei kürzere — werden meistens von der Oberlippe, wie von einem Regendach geschützt, damit der Pollen sich trocken hält, und den Rücken des Besuchers bepudern kann. Die Frucht besteht aus vier Nüßchen im Grunde des fünfzipfligen Kelches.

Eines der bekanntesten Kräuter, das hierher gehört und welches jedes Kind kennt, ist die weiße **Taubnessel** oder der weiße **Bienensaug**. Seine großen Blüten sind wie bei allen Lippenblütlern vollständig und stehen in Quirlen und in den Blattachseln rund um den Stengel herum, der hohl und vierkantig ist, wie bei den meisten Pflanzen dieser Familie. Weithin leuchtet das große milchweiße Blütenblatt und lockt die Insekten an. Hummeln sind die Gäste. Sie setzen sich auf die große Unterlippe und kriechen in die Blütenröhre hinein. Dabei fährt ihnen der Griffel über den Rücken und nimmt ihnen den

Blütenstaub ab, den sie mitbringen, und die vier Staubbeutel geben ihnen neuen Pollen mit auf die Reise. Zu dem Honigsaft können nur diejenigen Insekten gelangen, deren Saugrüssel die nötige Länge hat. Andere, z. B. die Honigbiene, können ihn nicht erreichen und beißen darum ein Loch in das Blütenblatt,

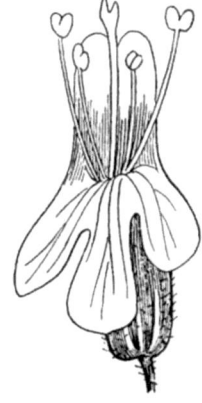

Lippenblüte des Feldthymians oder Feldquendels.
(Weit über nat. Größe.)

Vier Nüßchen im Grunde des Kelches bei den Lippenblütlern.
(Weit über nat. Größe.)

durch welches sie dann den Rüssel einführen. Sie gehören also für die weiße Taubnessel mit zur „faulen Kundschaft".

Viele bekannte Pflanzen gehören zu den Lippenblütlern. Außer den Taubnesselarten nennen wir die Goldnessel, ferner die verschiedenen Arten der Minze, von denen die Krauseminze und die Pfefferminze den Kindern wenigstens dem Namen nach bekannt sein werden; zumal der letztere hat in ihren Ohren einen guten Klang. Das kalte Gefühl in dem Munde, das sich bemerkbar macht, wenn man Pfefferminzplätzchen gegessen hat und dann mit geöffnetem Munde die Luft einzieht, rührt davon her, daß das ätherische Pfefferminzöl so schnell verdunstet. Dieses Öl ist auch ein gutes Magenheilmittel. Ferner nennen wir als Angehörige dieser Familie noch Gundelrebe und Günsel, Ziest und Hohlzahn, sodann als richtige Gartenpflanzen Lavendel und Majoran, sowie Thymian. Der Feldthymian oder Quendel ist eine Ödpflanze. Ebenfalls wichtig sind Salbei und Rosmarin.

Bei den **Rachenblütlern** ist der Bau der Blüte ganz ähnlich wie bei den vorigen, nur sind niemals vier Nüßchen im Kelche, sondern die Frucht ist eine vielsamige zweifächerige Kapsel. Hierher gehört das Leinkraut oder der Frauenflachs; die Kinder nennen die Pflanze auch gelbes Löwenmaul. Mehr radförmige Blüten haben die Wollkrautarten, zu denen die prächtige Königskerze gehört, und die Ehrenpreisarten, bei denen man statt der vier, nur zwei Staubblätter findet. Zweilippig sind die Blütenblätter aber wieder beim Läusekraut und beim Hahnenkamm oder Klappertopf. Dieser, ein lästiges Unkraut auf Äckern, ist ein Halbschmarotzer, der sich also nur zum Teil aus dem Erdboden nährt, sonst aber die Wurzeln anderer Pflanzen umklammert und ihnen die Nahrung entzieht. Zu diesem Zwecke hat er an seinen Wurzeln Saugwarzen, die er an die Wurzeln der Nachbargewächse anlegt. So ein Halbschmarotzer ist auch der Augentrost. Die unterirdisch lebende Schuppenwurz aber ist ein richtiger und vollständiger Schmarotzer, der auf den Wurzeln der Laubhölzer sitzt. Nebenbei gehört sie auch noch zu den fleischfressenden Pflanzen.

Während unter den Lippenblütlern die Giftpflanzen gänzlich fehlen, haben die Rachenblütler mehrere aufzuweisen, wie z. B. die Läusekrautarten. Der rote Fingerhut ist jedoch der schlimmste unter den giftigen Gewächsen dieser Familie.

32. Weidengewächse.

Draußen am Bache wächst ein Weidenbaum. Es ist eine Salweide, die man auch Palmweide nennt, weil ihre Zweige getragen werden zum Andenken an die Palmzweige, die man hinstreute beim Einzuge Jesu in Jerusalem.

Noch ehe sich aus den Knospen Blätter entwickeln, blüht unser Weidenbaum schon. Seine Blütenknospen haben, bevor sie aufbrechen, ein silberglänzendes Haarkleid, welches sie schützt gegen Austrocknung durch den scharfen Märzwind. Sie fühlen sich dann ganz seidenweich an wie ein kleines Miezkätzchen, und man nennt sie daher auch Kätzchen. Die Silberhaare sitzen an der Spitze von Blattschuppen. Unter jeder dieser Schuppen sitzt eine Blüte.

Zweig einer männlichen und einer weiblichen Salweide mit Blüten.
(Nat. Größe.)

Dieselbe ist unvollständig, denn sie besteht nur aus zwei Staub=
blättern mit großen, goldgelben Staubbeuteln und aus einer
stäbchenförmigen Honigdrüse. Andere Blüten findet man auf
diesem Baume nicht. Er hat nur Staubkätzchen.

Auf einem anderen Weidenbaume finden wir keine von den
weithin leuchtenden goldgelben Staubkätzchen. Er trägt nur die
unscheinbaren Stempelkätzchen. Dieselben sind ganz ähnlich
gebaut wie die Staubkätzchen. Die einzelne Blüte hat außer der
Honigdrüse einen Stempel, der aus einem flaschenförmigen Frucht=
knoten und einer gelben Narbe besteht. Die Befruchtung be=
sorgen die Bienen, die von einem Baume zum andern fliegen.

Der Weidenbaum mit den Staubkätzchen ist der Mann,
der mit den Stempelkätzchen ist die Frau. Da nun niemals
beide Kätzchenarten auf einem und demselben Baume wachsen,
sondern immer auf verschiedenen Bäumen, so sagt man, die
Weiden sind „zweihäusige" Pflanzen. Mann und Frau
wohnen in zwei verschiedenen Häusern.

Es gibt viele verschiedene Weidenarten, die entweder Bäume
oder Büsche sind. Bei einigen von ihnen brechen die Blüten
erst auf, wenn die Blätter sich schon entfaltet haben. Das Holz
der Weiden ist weich und nicht viel wert. Den größten Nutzen
bringen die Korbweiden, aus deren langen, biegsamen Zweigen
Körbe und anderes Flechtwerk gemacht werden. Man pflanzt die
Weiden an Flußufern, indem man Zweige abschneidet und sie
einfach in die Erde steckt. Diese Stecklinge schlagen sehr schnell
Wurzeln, und das Wurzelwerk durchzieht weithin die Usererde
und verhindert, daß die Strömung sie fortschwemmt. Häufig
sieht man am Wasser die Kopfweiden, niedrige, dicke Bäume,
die keine Äste haben, sondern ein dichtes Büschel von vielen
Zweigen, die alle aus dem oberen Ende des Stammes entspringen.
Das ist nicht die natürliche Form des Baumes, sondern man

Weidengewächse.

hat den jungen Stamm „geköpft" oder abgestutzt und ihm alle Seitenzweige genommen. Dann bildet sich an dem abgestutzten Ende die besenförmige Krone. Von Zeit zu Zeit schneidet man die Zweige alle ab, um sie zu Geflechten zu verwenden, und es wachsen nun neue hervor. Dadurch wird das obere Ende des

Zweig der Salweide mit Blättern. (Nat. Größe.)

Stammes immer dicker und bekommt ein wunderliches kopfförmiges Aussehen. Durch die Schnittstellen dringt das Regenwasser in den Stamm ein und mit ihm kleine Pilze, die das Holz zer= stören und den Baum hohl machen.

Verwandte der Weiden sind die Pappeln. Sie werden aber nicht durch Insekten bestäubt, sondern sind windblütige Pflanzen. Das Laub der Zitterpappel oder der Espe hat außer=

96 Familien der Blütenpflanzen.

Korbweide. (Nat. Größe.)

ordentlich lange und dünne Blattstiele, darum gerät es schon bei dem leisesten Lufthauche in zitternde Bewegung, die sprichwörtlich geworden ist, denn man sagt z. B.: „Er zittert wie Espenlaub".

Die Weidengewächse sind blumenblattlose Pflanzen und bilden zusammen mit den nächsten Familien die dritte Gruppe der Blattkeimer.

33. Becherfrüchtler.

Weiden und Pappeln sind nicht die einzigen Pflanzen, die Kätzchen tragen. Auch die Blüten der Erlen und der Birken werden so genannt. Dann lernten wir im ersten Abschnitt unter den **Windblütlern** noch einen Kätzchenträger kennen, den **Haselstrauch.**

Auch beim Haselstrauch sitzen Staubblätter und Fruchtblätter nicht in einer und derselben, sondern in verschiedenen Blüten. Aber diese wachsen auf demselben Strauche. Darum ist er nicht wie die Weide zweihäusig, sondern e i n h ä u s i g. Nur die Staubblüten des Haselstrauches haben Kätzchenform. Sie waren schon im Herbst am Strauch und schliefen während des Winters. Die ersten warmen Sonnenstrahlen weckten sie auf. Sie reckten und streckten sich, und die gelben Staubbeutel öffneten sich, als noch jedes Insekt, das sonst die Blumen besucht, im tiefen Schlafe lag. Aber ein anderer wachte, das war der Wind, und der nahm sich der Kätzchen an und verbreitete den Staub. Darum brauchten die Blüten auch weder Honig, noch Duft, noch eine bunte Blütenhülle, denn es war ja noch niemand da, der nach solchen Dingen suchte.

Außer den Kätzchen findet man an den Zweigen Knospen, unter denen einige viel größer und dicker sind als die andern. Aus ihrer Spitze sehen vier purpurrote Fädchen hervor, die dicht mit kleinen Haaren besetzt sind. Es sind die Narben, die zu je zweien auf einem Fruchtknoten sitzen. Dieser ist eingeschlossen von einer verkümmerten Blütenhülle. Sonst finden wir unter den Knospenschuppen noch die gewöhnlichen jungen Blätter. Die Blüten sitzen also an der Spitze eines Zweiges. Später wird die Wand des Fruchtknotens zu einer harten Nußschale, welche die Frucht, d. h. den Nußkern, einschließt. Die verkümmerte Blütenhülle wächst und bildet einen Becher, in dem die Nuß sitzt. Der Haselnußstrauch ist ein **Becherfrüchtler**.

Zu der Familie der Becherfrüchtler gehören die bekanntesten Waldbäume. Wir nennen zuerst die Eiche. Jedes Kind kennt den Fruchtbecher, in dem die Eichel sitzt, und hat denselben beim Spielen wohl schon als kleine Tabakspfeife benützt. Dann erwähnen wir die Rotbuche und die Hainbuche und schließlich noch die echte Kastanie, die häufig in unseren Gärten und Anlagen wächst, aber deren Früchte bei uns nicht reif werden, weil es hier für sie zu kalt ist.

Von den Haselnüssen, den Eicheln und Bucheln leben viele Tiere. Die Eichhörnchen, Mäuse und Häher verzehren eine Unmenge davon. Aber sie verschleppen auch viele und verstecken sie, um einen Vorrat für den Winter zu haben. Dabei machen sie ihre Sache aber so gut, daß sie die Verstecke sehr oft selbst nicht wiederfinden können, und so tragen sie zur Verbreitung der Bäume bei. Wenn z. B. der Häher mit seinem Schnabel ein Loch in die Erde macht und eine Eichel hineinsteckt, die er nachher nicht wiederfindet, so hat er einen Eichbaum gepflanzt, ohne daß er es wollte, und ist unfreiwillig zum Gärtner geworden, wie die Eichhörnchen und Mäuse, denen es ähnlich ergeht.

34. Knöterichgewächse.

Auf sandigem Heideboden, wo das Korn nicht ordentlich wachsen will, da sät der Landmann noch den **Buchweizen**.

Ihren Namen hat die Pflanze nach ihren Früchten. Die=

Becherfrüchte.
1. Haselnuß am Zweig.   2. Eicheln am Zweig.

selben sind schwärzlichbraun und haben die dreikantige Form wie die Früchte der Buche. Dabei sind sie nahrhaft wie der köstliche Weizen, und so nannte man das Gewächs „Buchweizen". Auch „Heidekorn" heißt es, weil es in der Heide wächst und wie das Korn gebraucht wird, denn man macht aus seinem Samen Mehl und Grütze und verwendet denselben als Nahrung für Menschen und Vieh. Daß die Pflanze aber kein Korn ist, sieht man auf den ersten Blick, denn das Korn gehört zu den Gräsern und hat also eine grüne Blüte, der Buchweizen dagegen hat eine einfache, fünfblättrige, rötliche Blütenhülle, die angenehm duftet und sehr honigreich ist. Darum wird das Buchweizenfeld auch von unzähligen Insekten aufgesucht, und der Bienenvater stellt zur Zeit der Buchweizenblüte seine Immenschauer in der Nähe desselben auf.

Der Buchweizen hat herzförmige Blätter, die an dem roten, knotiggegliederten Stengel sitzen. Wegen dieser Knoten im Stengel nennt man die Pflanzenfamilie **Knöterichgewächse.** Manche von diesen sind dem Kinde bekannt, so z. B. der zierliche Vogelknöterich, der am Rande hartgetretener Wege wächst, und der Wasserknöterich, der seine rosafarbenen Blütenähren über den Wasserspiegel des Teiches erhebt. Am Ufer der Gräben und Flüsse breitet dann der Sumpfampfer seine riesenhaften Blätter aus, und auf der Wiese und am Zaune pflückt das Kind den Sauerampfer und bringt ihn der Mutter

Zweig der Buchweizenpflanze.
(³/₄ nat. Größe.)

zu einem wohlschmeckenden Gemüse. Der größte Knöterich aber wächst im Garten. Es ist der **Rhabarber**, aus dessen Blattstielen die Mutter die schmackhafte Rhabarbergrütze kocht. Aus einer andern Rhabarberpflanze macht der Apotheker Medizin für den kranken Magen.

Mit den Knöterichgewächsen verwandt ist auch der **Pfefferstrauch**. Der schwarze Pfeffer sind seine unreifen getrockneten Beeren, deren rotes Fleisch durch das Dörren schwarz geworden ist. Der weiße Pfeffer sind die reifen Beeren, von denen man das Fleisch entfernt hat. Der Pfefferstrauch ist ein Schlinggewächs, das nur in der heißen Zone vorkommt.

---

35. Von den Gespinstpflanzen.

Soweit die Geschichte des Menschengeschlechts zurückreicht, kennt man auch die Kunst, aus Pflanzenfasern Gewebe für Kleidung herzustellen. Uralt ist z. B. die Verwendung der Baumwollfaser.

Die **Baumwollstaude** ist eine Pflanze, die zur Familie der Malven gehört, von denen einige wild an Wegen wachsen, andere in unseren Gärten als sogenannte Stockrosen vorkommen. — Wie die Früchte des Löwenzahns, der Disteln, Weiden, Pappeln und vieler anderer Pflanzen mit Haaren versehen sind, um dem Winde zu ihrer Verbreitung eine bessere Handhabe zu bieten, so haben auch die Samen der Baumwolle ein starkes Haarkleid, das von dem Menschen zur Herstellung seiner Kleidung benützt wird, indem man Kattun, Barchent, Musselin und andere Stoffe daraus webt. Auch Watte und Schießbaumwolle stellt man aus den Samenhaaren her und spinnt außerdem Garn davon. Die von den Haaren befreiten Samen benutzt man zur Aussaat oder preßt Öl aus ihnen, auch geben sie ein nahrhaftes Viehfutter.

Ein anderes **Malvengewächs** ist der gewaltige Affen=
brotbaum aus Afrika und ein entfernter Verwandter von ihm
der Kakaobaum aus Südamerika, dessen Früchten wir unter
anderem die Schokolade verdanken.

Während die Baumwolle aus den heißen Ländern stammt
und nur dort gedeiht, haben wir in unserer Heimat eine andere
Gespinstpflanze, die nicht minder wichtig ist. Es ist der **Lein** oder
Flachs. Seine platten braunen Samen finden wir zwischen dem
Singvogelfutter. Sie enthalten das wertvolle fette Leinöl, das
zur Herstellung von Seife, Druckerschwärze, Ölfarben usw. be=
nützt wird.

Herrlich sieht ein blühendes Flachsfeld aus; mit seinen
himmelblauen Blüten gleicht es einem blauen See. Sobald aber
der Flachs verblüht ist und die Samen reifen, also wenn die
Stengel anfangen gelb zu werden, rauft man den Flachs aus
und kämmt ihn mit eisernen Kämmen, um die Samenkapseln zu
entfernen. Dann wird der Flachs „geröstet", d. h. er wird bündel=
weise in einen Bach gelegt, oder wo das nicht angeht, auf dem
Felde dem Regen und Tau ausgesetzt, damit die oberen Schichten
des Stengels, also Rinde und Bast, verfaulen. Dann wird der
Flachs „gedörrt" und „gebrecht", d. h. die trocken gewordenen
holzigen Teile werden durch Schlagen zerbrochen und endlich mit
der Hechel entfernt. Nun bleiben die Flachsfasern noch, von
denen die langen in eine gleichmäßige Lage gebracht und von
den kurzen, der Hede oder dem Werg, getrennt werden. Man
spinnt aus ihnen Garn und webt aus diesem **Leinen**. Das
feinste Leinen heißt Batist, das stärkste Segeltuch. Das Leinen
wird auf die Bleiche gebracht, und wenn es schön weiß ist, näht
die Mutter Hemden daraus und viele andere Sachen, die im
Haushalte gebraucht werden. Aus leinenen Lumpen macht man
das weiße Schreibpapier.

Gespinstpflanzen.
1. Baumwollenzweig mit aufgesprungener Fruchtkapsel. 2. Blühende Flachspflanze.
3. Hanfstengel.

Eine dritte sehr wichtige Gespinstpflanze ist der **Hanf**. Er ist ein Windblütler und wie die Weide eine zweihäusige Pflanze. Seine starken Bastfasern verarbeitet man zu Bindfaden und Seilen, zu Segeltuch und anderen Geweben. Aus seinem Samen preßt man Öl.

Zur Familie der **Hanfgewächse** gehört der H o p f e n, dessen Fruchtzapfen der Bierbrauer gebraucht. Mit dem Hanf und dem Hopfen verwandt ist die B r e n n e s s e l. Sie trägt spröde, hohle Brennhaare. Berührt man diese, so stechen die Haare hinein in die Haut, ihre spröden Spitzen brechen ab, und ein scharfer Saft ergießt sich in die Wunde. Er zieht Blasen auf der Haut. Die große Brennessel behandelt man ähnlich wie den Hanf und den Flachs und benützt die Fasern zur Herstellung von Nesselgarn und Nesseltuch, das dem Leinen ähnlich, aber nur minderwertig ist.

Außer den Fasern von den genannten Pflanzen benützt man in der Jutespinnerei die Bastfasern verschiedener Bäume zur Herstellung von Garn und Geweben.

36. Der Getreideacker.

Mancherlei Arbeiten hat der Landmann auf dem Acker zu verrichten. Er muß ihn mit dem Pfluge lockern, und wo es nötig ist, die Schollen mit einer eisernen, zackigen Walze, dem Schollenbrecher, zerkleinern. Er muß ihn mit der Egge vom Unkraut reinigen und ihn mit der Walze ebnen. Damit ist aber die ganze Ertragsfähigkeit des Bodens noch nicht gewährleistet, denn es haben jahraus, jahrein viel tausend Pflanzen aus ihm die Nahrung genommen, und so muß sie doch einmal alle werden. Wie nun die Kinder eine Speise lieber mögen als die andere,

Der Getreideacker.

und ein Kind dieses, ein anderes jenes Essen vorzieht, so treffen auch die Pflanzen ihre Auswahl und entziehen je nach ihrer Art dem Boden nur ganz bestimmte Stoffe. Das kann sich der Landmann zunutze machen, wenn er nicht Jahr für Jahr immer dasselbe Getreide sät, sondern zur Abwechslung seinen Acker auch mit andern Feldfrüchten bestellt. Das nennt man **Fruchtfolge**, die jeder gebildete Landmann, der eine ordentliche Wirtschaft führen will, kennen und üben muß. Schließlich wird er aber doch gezwungen sein, dem Acker neue Nährstoffe zuzuführen, entweder durch natürlichen Stalldünger oder durch künstlich zusammengesetzte Stoffe, die für diesen Ersatz bieten.

Das wichtigste Getreide für unsere Gegend ist der Roggen, welcher hier kurzweg Korn genannt wird. Man sät ihn entweder im Herbst oder im Frühling (Winter- und Sommerkorn). Wie bei der Bohne entwickeln sich in der Erde zuerst die Wurzeln und zwar eine Hauptwurzel und eine Anzahl Nebenwurzeln. Wenn dann die jungen Pflänzlein aus dem Erdreich hervorkommen, so finden wir an ihnen nicht die beiden dicken Keimblätter, sondern sehen nur eine rötliche Spitze, die von dem ersten scheidenförmigen Blatte gebildet wird. Wir kommen also nun zu der **zweiten Klasse der Blütenpflanzen, zu den Spitzkeimern.**

Aus der rötlichen Spitze tritt bei wärmerem Wetter sehr bald das erste grüne Blatt hervor. **Alle Blätter des Roggens, wie die aller Gräser, bestehen aus zwei Teilen, aus der Blattscheide und der Blattfläche. Die Nerven in den Blättern laufen alle parallel, und dieses ist ein Kennzeichen für alle Spitzkeimer.** Die Blattscheiden umgeben schützend die von ihnen umschlossenen, noch nicht ausgebildeten Teile der Pflanze, denen sie im Wachstum vorauseilen. Aus der Scheide erhebt sich dann der Halm, welcher hohl und knotig gegliedert ist. Bei jedem Knoten be-

ginnt ein neues Blatt, und in dem Schutze seiner Scheide wächst
der Halm weiter, bis schließlich an seiner Spitze aus der letzten
Blattscheide die Ähre hervorkommt.

Die Ähre ist ein gemeinsamer Stand für viele kleine Blüten,
die alle Staub- und Fruchtblätter haben, und deren Bestäubung,
wie wir bereits wissen, der Wind besorgt. Ist dann das Korn reif,
so wird es abgemäht, in Garben gebunden und in Hocken aufgestellt zum Trocknen. Dann wird es in die Scheune gefahren,
und wenn im Winter die Feldarbeit ruht, so werden die Körner
ausgedroschen. Ein Teil von ihnen bleibt für die neue Aussaat,
ein anderer kommt in die Mühle und wird geschroten oder zu Mehl
gemahlen, und aus den übrigen macht man Kornbranntwein.

Das leere Stroh braucht man als Streu für das Vieh,
oder man schneidet es zu Häcksel als Futter für die Pferde, oder
man flicht Seile davon, macht Strohmatten daraus, deckt Häuser
damit und verwendet es noch sonst auf mancherlei Weise.

Auf dem Getreideacker wachsen zwischen dem Korn allerlei Unkräuter. Da ist zuerst die blaue Kornblume und an den Rändern des
Ackers die gelbe Saatwucherblume zu nennen. Beide Pflanzen erkennen wir an ihrem Blütenstande als Korbblütler. Auch eine weniger
hohe Blume mit gelber Rachenblüte steht am Rande des Getreide-
feldes. Es ist der wegen seines blasigen Kelches, in dem die
reifen Samen beim Winde klappern, „klingender Hans" genannte
„Klappertopf", den man in einigen Gegenden auch Hahnenkamm
nennt. Alle drei Pflanzen gehören, da ihre Blumenblätter zusammengewachsen sind, der zweiten Gruppe der Blattkeimer an.
Ferner wächst zwischen dem Getreide die hübsche Kornrade, die
zur Familie der Nelken gehört, und dann finden wir außer
manchen andern Unkräutern zwei Kreuzblütler: Ackersenf und
Ackerrettich. Die drei zuletzt genannten Pflanzen gehören, da
ihre Blumenblätter nicht verwachsen sind, in die erste Gruppe

der Blattkeimer, ebenso wie der Klatschmohn oder die Feuerblume, wie die Kinder sagen. Welch einen prächtigen Anblick bietet so ein Kornfeld mit seinen goldenen Ähren auf den schlanken Halmen, zwischen denen die roten Mohnblumen hervorleuchten und die blauen Kornblumen prangen und die großen, lila gefärbten Blumenblätter der Raden das Auge erfreuen. Unwillkürlich muß man dabei an das herrliche Gedicht von Julius Sturm denken: „Der Bauer und sein Kind", das die Schulkinder so gern lernen. Da steht der Bauer stirnrunzelnd vor seinem Felde und schilt über das Unkraut, das ihm die Ernte verdirbt, aber sein kleiner Junge kommt gesprungen mit einem großen Strauße von jenen köstlichen Blumen und zeigt dem Vater all die Pracht und Herrlichkeit mit frohlockendem Kindesherzen.

Und welch ein Tierleben herrscht im Kornfelde! Zwar Insekten sind wenige dort zu finden, und wenn wir ein solch buntes Gewimmel von Schmetterlingen, Hummeln und Bienen dort suchen wollten, wie wir es bei „den Blumen und ihren Kunden" gefunden haben, so würden wir uns sehr enttäuscht fühlen. Wir wissen ja auch schon, daß die Getreidearten Windblütler und nicht auf Insektenbesuch angewiesen sind. Was also von Insekten im Kornfelde sich aufhält, tut dies zu einem andern Zwecke. Da nagen z. B. an den Wurzeln des Kornes die Drahtwürmer, aus denen später die Schnellkäfer werden, und Laufkäfer mit goldig glänzendem Panzer streifen zwischen den Halmen umher und suchen nach Raupen und Schnecken und anderer Beute. Desto mehr sind aber die höheren Tiere im Halmenwalde vertreten. Dort bauen Lerchen und andere Singvögel ihr Nest, Wachtel und Rebhuhn führen dort ihre zahlreichen Küchlein, und selbst Raubvögel, wie z. B. der Weih, bergen im dichten Getreide ihren Horst vor den Augen der Menschen. Die furchtsame Häsin versteckt hier ihre Jungen, und die Rehmutter findet mit ihrem Kälbchen einen sichern Zufluchtsort. Aber auch für allerlei Raubgesindel ist das Kornfeld ein Feld der Ernte und ein schützender Hort. Auf leisen Sohlen schleichen das kleine Wiesel und sein größerer Bruder, das Hermelin, umher auf der Jagd nach den Mäuslein, die im Getreidefeld ihr Brot suchen. Der mordgierige Iltis überfällt den mit vollen Backentaschen heimkehrenden, schwer beladenen Hamster, und die schlaue Füchsin, die mit ihrer kleinen Räuberbrut die Höhle im Walde verließ, hat ihren Einzug gehalten und lebt jetzt in Ähren, aber nicht in Ehren, denn von diesem Versteck aus, das sie gegen alle Nachstellungen schützt, unternimmt sie jetzt ihre Raubzüge.

Bald klingt dann die Sense und macht der ganzen Herrlichkeit ein Ende. Mit dem schützenden Ährenwalde sinkt die ganze Blütenpracht dahin, und am kahlen Boden stehen nur starrende Stoppeln, die nachher untergepflügt werden und höchstens nur dem Teufel noch nützen können, wie Friedrich Rückert uns erzählt in seinem Gedicht:

Der betrogene Teufel.

Die Araber hatten ihr Feld bestellt,
Da kam der Teufel herbei in Eil';
Er sprach: „Mir gehört die halbe Welt;
Ich will auch von eurer Ernte mein Teil."

Die Araber aber sind Füchse von Haus,
Sie sprachen: „Die untere Hälfte sei dein!"
Der Teufel will allzeit oben hinaus:
„Nein," sprach er, „es soll die obere sein!"

Da bauten sie Rüben in einem Strich;
Und als es nun an die Teilung ging,
Die Araber nahmen die Wurzeln für sich,
Der Teufel die gelben Blätter empfing.

Und als es wiederum ging ins Jahr,
Da sprach der Teufel in hellem Zorn:
„Nun will ich die untere Hälfte fürwahr!"
Da bauten die Araber Weizen und Korn.

Und als es wieder zur Teilung kam,
Die Araber nahmen den Ährenschnitt;
Der Teufel die leeren Stoppeln nahm
Und heizte der Hölle Ofen damit.

Stoppeln sind aber ein schlechtes Brennmaterial, denn Strohfeuer ist schnell verglimmt und auch für den Teufel nicht viel wert. Daß die Stoppeln aber unter Umständen auch noch andern Leuten nützlich werden können, will ich durch eine kleine lustige Geschichte beweisen. Es gingen nämlich einmal zwei Männer, die ich gut kenne, auf menschenleerer Flur spazieren und kamen an einen großen flachen Teich. Es war im Spätsommer, und die Luft war ungewöhnlich schwül. Da meinten sie denn, es müßte sehr wohltuend sein, und die Gelegenheit sei günstig, hier ein erfrischendes Bad zu nehmen, und weil niemand in der Nähe zu sehen war, der sie beobachten könnte, so zogen sie sich aus, legten ihre Kleider fein säuberlich am Ufer zusammen und wateten hinein ins klare Wasser und freuten sich des erquickenden Bades. Wie sie aber so recht nach Herzenslust herumplätscherten, und einer sich zufällig umdrehte, da sah er zu seinem Schrecken, wie ein Landstreicher sich bei ihren Kleidern zu schaffen machte und in den Taschen nachsah, ob für ihn etwas Brauchbares darin sei. Sofort sprangen beide aus dem Wasser und rannten hinter dem Strolche her, der mit je einer Hose in jeder Hand schleunigst das Weite suchte. Das war eine ergötzliche Jagd, wie die beiden nackten Männer hinter ihrem Opfer her waren, wie die Wilden in der Geschichte vom Robinson hinter dem armen Freitag. Auf dem weichen Sandwege kamen sie dem Spitzbuben schnell näher, sie hörten schon seinen keuchenden Atem, schon streckte sich die Hand aus, die ihn beim Kragen fassen wollte, da ging er seinen Verfolgern noch im letzten Augenblick verloren. Es trat aber kein grimmiger, mit Tierfellen bekleideter Mann aus dem Busch und drohte ihnen mit der Donnerbüchse in der Hand Tod und Verderben an, sondern der schlaue Diebsgeselle rettete sich selbst auf höchst einfache Weise. Er sprang nämlich über einen Graben und lief über ein Stoppelfeld, und als die beiden ihm folgten, da mußten sie alsbald hüpfen wie der Tanzbär auf den glühenden Eisenplatten. Ihre nackten Sohlen waren an ein solches Pflaster nicht gewöhnt, und die steifen, harten Stoppeln machten ihnen abscheuliche Schmerzen und hielten sie in der Verfolgung mächtig auf. Hohnlachend entrann der Dieb, doch ließ er wenigstens die beiden Hosen zurück, welche die gefoppten Verfolger sich unter den wunderlichsten Verschränkungen der nackten Beine von den Stoppeln holten. Ach, sie fanden seufzend, daß diese nützlichen Kleidungsstücke bedeutend leichter geworden waren, denn der Langfinger hatte die Hosen selbst zwar weggeworfen, aber die wohlgefüllten Geldbörsen, die in den Taschen gewesen waren, hatte er wohlweislich mitgenommen.

Die Kinder haben am Stoppelfelde eine schönere Freude, denn wenn der Herbstwind über die leeren Felder bläst, so lassen sie auf dem Stoppelfelde ihre Drachen steigen. Auch dem Naturfreunde macht es Freude, denn zwischen den Stoppeln stellt sich gar bald eine Menge Blumen ein, die früher wegen Lichtmangels zwischen dem dichten Korn nicht gedeihen konnten. Der Ackerspark z. B., der im Norden unseres Vaterlandes als Schaffutter angebaut wird, tritt zwischen den Stoppeln oft in solcher Menge auf, daß das Feld einer grünen Weide gleichsieht. Selbst wenn in den Gärten Sonnenblumen, Astern und Georginen bereits verblühen wollen, wenn wir mit dem Dichter von Salis schon sprechen können:

„Bunt sind schon die Wälder, Rote Blätter fallen,
Gelb die Stoppelfelder, Graue Nebel wallen,
Und der Herbst beginnt. Kühler weht der Wind;"

selbst wenn schon der Windmonat, November, ins Land gekommen ist, können wir noch auf den Stoppelfeldern einen ansehnlichen Feldblumenstrauß pflücken. Da wachsen und blühen noch die Nachzügler der blauen Kornblume, des Ackersenfs und der Saatwucherblume, der Augentrost und das Habichtskraut, die unverwüstliche Vogelmiere und der ihr im Kraut ähnliche Ackergauchheil mit seinen scharlachroten Blüten, die blaue Glockenblume und das wilde Stiefmütterchen. Auch die zu den Schmetterlingsblütlern gehörenden Lupinen prangen noch mit ihren goldgelben Blüten. Mit diesen Pflanzen bestellt man häufig die notdürftig umgepflügten Stoppelfelder und bald schmücken sie sich mit den schönen Blumen. Aber dieselben sollen nicht zur Zierde oder als Viehfutter dienen, sondern werden als Dung für den Acker benutzt.

37. Die Süßgräser.

Außer dem Roggen baut man bei uns als Getreide noch Weizen, Gerste und Hafer. Sie gehören alle zu der großen Familie der **Süßgräser.**

Die Gräser sind Windblütler, sie bedürfen also keiner Anlockungsmittel für Insekten. Darum ist auch ihre Blütenhülle grün und besteht nur aus häutigen Blättchen, die man „Spelzen" nennt. Niemals stehen die Grasblüten einzeln, sondern sind stets zu einem gemeinschaftlichen Blütenstande vereinigt.

Betrachten wir die Blüte des Roggens. Immer drei Blütchen vereinigen sich zu einem „Ährchen" und sind von einem gemeinschaftlichen Kelch umgeben, der aber nur aus zwei kleinen Spelzen besteht. Von den drei Blüten ist stets die mittelste verkümmert und unfruchtbar. Die beiden seitlichen haben je eine innere Blütenhülle, die wieder aus je zwei Spelzen gebildet wird, aus der äußeren und der inneren Kronspelze. Diese schließen wie eine Schachtel die edlen Teile der Blüte ein. Die innere Kronspelze ist der Unterteil der Schachtel, die äußere ist der Deckel, der die innere mit umfaßt. Der Mittelnerv der äußeren Kronspelze ist zu einer Granne verlängert, die eine Menge steifer, stachelartiger Borsten nach oben streckt zur Abwehr gegen ungebetene Gäste. Faßt man eine solche Granne an der Spitze und streicht mit Daumen und Zeigefinger der anderen Hand nach unten, so fühlt die Granne sich an wie die Schneide einer Säge, und man muß den Versuch aufgeben. Die eigentliche Blüte besteht aus drei Staubblättern und einem Fruchtknoten, der eine zweiteilige federförmige Narbe trägt. Vor dem Aufblühen ist die Blüte geschlossen. Wenn aber der Blütenstaub reif ist, so schwellen in den Blüten zwei kleine Körperchen an, die man deshalb „Schwellkörperchen" nennt, und drängen die Kronspelzen auseinander. Dann werden die Staubfäden länger und hängen gleich den Narben aus der Blüte hervor. Pflückt man eine dicht vor dem Aufblühen befindliche Roggenähre ab und nimmt den Halm derselben eine Zeitlang in den Mund, so werden durch die Wärme die Schwellkörperchen aufgetrieben und öffnen die Spelzenschachtel, und man sieht, wie die Staubfäden sich strecken. Ist die Bestäubung vor sich gegangen, so schließt sich die Schachtel wieder, und in ihrem Schutze entwickelt sich die Frucht.

Die Verlängerung des Halmes, an welcher die Ährchen sitzen, ist breit und hat treppenförmige Absätze. Man nennt diesen Teil des Halmes die Achse oder auch wohl die Spindel. Jeder Absatz trägt ein Ährchen, und das Ganze nennen wir eine

Gräser.
1. Zittergras. 2. Quecke. 3. Gerste. 4. Hafer. 4a Einzelne Blüte. 4b Rispe des Hafers. 5. Schafschwingel. 6. Fuchsschwanz. 7. Roggen. 7a Einzelne Blüte desselben. 8. Knäuelgras. 9. Wiesenhafer. 10. Ruchgras. 11. Wollgras. 12. Taumellolch.
(Etwa ½ nat. Größe.)

„Ähre". Demnach heißen alle Gräser mit einem solchen Blütenstande „Ährengräser". Hierher gehören: Roggen, Gerste, Weizen, der giftige Taumellolch, das Raygras und die lästige Ackerquecke, auch der Strandroggen mit seinen hellen graugrünen Blättern, der im Dünensande wächst. — Ganz anders wie beim Roggen ist der Blütenstand des Hafers, er bildet eine „Rispe". Zu den Rispengräsern gehören auch noch: der Reis, der Wiesenhafer, das Wiesenrispengras, der Wiesenschwingel, die Trespe, das Knäuelgras, die Hirse, das Honiggras, das Zittergras, das Glanzgras und das Schilf. — Dann gibt es auch noch Zwischenformen, also Ährenrispengräser. Dazu rechnet man: den Strandhafer, das Kammgras, das Lieschgras, den Fuchsschwanz und das Ruchgras. Letzteres gibt dem Heu den würzigen Duft. Das Einatmen seines Blütenstaubes erzeugt aber bei manchen Menschen eine eigentümliche Krankheit, das Heufieber.

Unter den ausländischen Gräsern gibt es wahre Riesen: Mais, Zuckerrohr und Bambus.

In allen Erdteilen nimmt die Familie der Gräser bei weitem den größten Raum ein, in manchen Gegenden, z. B. in den Steppen Asiens, in den ungarischen Pußten, in den Prärien Nord- und den Pampas Südamerikas führen sie die Alleinherrschaft. Man trifft sie auf den Bergen, wie in der Ebene, im Walde, wie im freien Felde, am Wasser, wie auf trockenem Sande. Für den Menschen sind sie von ganz ungeheurer Bedeutung, denn sie sind die Grundbedingung für Ackerbau und Viehzucht. Obenan stehen die Getreidearten, aus denen man Brot bereitet, das unentbehrlichste Nahrungsmittel. Aus Gerste, Weizen und Reis braut man Bier. Aus Roggen und Reis brennt man Branntwein. Der Reis ist das wichtigste Getreide,

denn von ihm nähren sich die meisten Menschen. Aus Zucker=
rohr gewinnt man Zucker und Rum, der Mais gibt Speise für
Mensch und Tier, aus Bambus macht man allerlei Geräte und
Möbel. Die Wiesengräser werden vom Vieh abgeweidet und
in trockenem Zustande als Heu gefressen. Strandhafer und
Strandroggen durchziehen mit ihren meterlangen Wurzelstöcken
den Dünensand und verhindern das Einbrechen des Meeres und
das Versanden der Äcker durch den Wind. Aus Stroh macht
man Hüte und Kleidungsstücke und verwendet es sonst zu mancher=
lei Zwecken. — Unkräuter gibt es wenige unter den Gräsern,
das schlimmste ist die Quecke, und die Roggentrespe wird ebenfalls
lästig. Giftig ist der Taumellolch, dessen Genuß Schwindel erregt.

Im Gegensatz zu den echten Gräsern oder Süßgräsern
spricht man auch von **Sauergräsern** oder Riedgräsern. Es sind
grasartige Pflanzen, die auf feuchtem Boden wachsen. Meistens
sind ihre Blattränder hart und messerscharf. Das Vieh ver=
schmäht sie. Eine bekannte Pflanze unserer Moore ist das **Woll=
gras**, welches auch zu den Sauergräsern gehört.

---

38. Liliengewächse.

Wir wollen noch einmal zurück=
kehren zu der schönen Frühlingspflanze
in unserem Garten, zu der Tulpe.
Sie ist eine der ersten unter all den
herrlichen Blumen, aber bald ist ihre
Blütezeit zu Ende und es dauert
nicht lange, so suchen wir vergeblich
nach ihr im Beete. Wo ist sie ge=

Längsschnitt durch eine Zwiebel.
(Nat. Größe.)

blieben? Der Gärtner hat sie aus der Erde genommen, das Kraut ist verdorrt, und die Zwiebel wird aufbewahrt an einem trocknen Ort.

Warum macht man das, und kann die Zwiebel das vertragen, wird sie nicht vielmehr zugrunde gehen? Die Tulpe ist eine Fremde in unserem Vaterlande, ihre Heimat liegt weit von hier in den Steppen Asiens. Dort ist die Luft nicht so feucht wie hier bei uns, es gibt in jenen Gegenden nur eine kurze Regenzeit und dann folgt eine lange, lange Zeit der Dürre. Die Sonne sendet vom wolkenlosen Himmel ihre sengenden Strahlen und tötet alles Pflanzenleben, das sich nicht zu schützen weiß. Da fallen ihr denn auch die oberirdischen Teile der Tulpe zum Opfer, aber das Leben kann sie ihr nicht nehmen, denn tief im Boden, wohin ihre Macht nicht reicht, sitzt die Zwiebel der Tulpe. Allerdings trocknet auch die Erde aus, aber die Zwiebel ist umgeben von schützenden Häuten und hält sich viele Monate frisch. Der Gärtner behandelt also die Tulpe so, wie sie es in ihrer Heimat gewohnt ist.

Wir wissen auch, welche Bedeutung die Zwiebel für die Pflanze hat. Sie ist die Vorratskammer, in der Nahrung aufgespeichert wird für den kommenden Frühling. Schneiden wir eine Zwiebel in der Mitte von oben nach unten durch, so finden wir, daß ihr unteres Ende, die Zwiebelscheibe, an welcher die Wurzeln sitzen, sich nach oben verlängert zu einem Stengel mit Blättern und Blüte. Rund um diesen herum stehen auf der Scheibe eine Anzahl Blätter, welche man Schalen nennt. Da sie in der Erde, also im Dunkeln wachsen, sind sie weiß. Die äußeren Zwiebelschalen werden zu trockenen, braunen Häuten. Wo ein Zwiebelblatt aus der Scheibe hervorkommt, bildet sich in der Blattachsel im Innern der Zwiebel eine Knospe, aus der sich eine neue Zwiebel entwickelt. Setzen wir also im Herbst unsere Tulpenzwiebel wieder in die Erde, so dürfen wir nicht denken, daß aus ihr eine neue Tulpe hervorkommt, sondern sie hat bereits ihre Schuldigkeit getan, indem sie die Knospe nährte, und wenn diese nun selbst stark genug ist, so stirbt ihre Mutter, die alte Zwiebel, und vergeht, und die Tochterzwiebel ist es, die den Stengel mit den Blättern und der Blüte hervorwachsen läßt.

Beobachten wir, wie die Tulpe im Frühling aus der Erde hervorbricht, so sehen wir, daß sie ein **Spitzkeimer** ist. Dasselbe erkennen wir an den parallel laufenden Nerven der Blätter.

Am Ende des Stengels steht die Blüte. Sie besteht aus einer buntgefärbten, sechsblättrigen Blütenhülle, welche die Stelle des Kelches vertritt, aus sechs Staubblättern und dem säulenartigen Stempel mit der dreilappigen Narbe. Aus dem Fruchtknoten wird nach der Bestäubung eine dreifächerige Kapsel, die in jedem Fache zwei Reihen Samen enthält.

Wie die Blüte der Gartentulpe sind auch die Blüten der Lilien gebaut. Darum rechnet man die Tulpe zu den **Liliengewächsen.** Zu ihren Verwandten gehören: die sogenannte wilde Tulpe mit den gelben, wohlriechenden Blüten, die Hyazinthe, die Kaiserkrone, die weiße Lilie, die Schachblume, der Milchstern und der Goldstern, die Küchenzwiebel und der Porree. Ferner rechnet man dazu die wunderliche Herbstzeitlose, die auf unsern Bergwiesen im Herbst blüht

Wohlriechendes Maiglöckchen.
(¾ nat. Größe.)

und im Frühling erst Blätter und Früchte bekommt. Auch das schöne Maiglöckchen und der wohlschmeckende Spargel sind Liliengewächse, obwohl sie keine Zwiebel, sondern einen Wurzelstock haben.

Gleich den Gräsern und Liliengewächsen sind auch die Binsen, die Schwertlilien, die Narzissengewächse, zu denen das Schneeglöckchen gehört, das Knabenkraut und die Palmen **Spitzkeimer.**

---

39. Blütenpflanzen im Sumpf.

Von leichten Ruderschlägen getrieben gleitet der Kahn über die spiegelglatte Fläche des Mühlenteiches dahin, dem jenseitigen Ufer zu; denn wir haben uns vorgenommen, heute einmal einzudringen in das geheimnisvolle Dickicht da drüben und den Urwald der Sumpfgewächse zu durchforschen.

Schon sind wir über die Mitte hinweg, wo die Strömung sich ein tieferes Bett schuf. Der Boden hebt sich, und wir sehen am Grunde des klaren Wassers das dunkle Grün der Wasserpest, die wir bereits aus dem Aquarium kennen und als Sauerstoff spendende Durchlüftungspflanze schätzen gelernt haben. Dann sind wir mitten zwischen den über handgroßen schwimmenden Blättern der Wasserrosen. Wie prangen die goldgelben Blüten der Teichrose, wie verlockend winken die herrlichen Seerosen. Wir müssen einen Strauß von Mummeln — so heißen die Wasserrosen auch — pflücken für die Blumenvase. Darüber wird die Mutter sich freuen, denn schönere Blüten gibt es nicht im Reiche der Nixen. Wie an langen Ankertauen wiegen sich Blätter und Blüten auf der Flut. Wie mag es kommen, daß diese biegsamen Stiele sie

Blütenpflanzen im Sumpf.

tragen können? Ich pflücke eine Blume, aber sie entgleitet meinen Händen und treibt nun auf dem Wasserspiegel. Das Rätsel ist gelöst. Die Stengel haben luftgefüllte Kammern, und Blätter wie Blüten werden vom Wasser getragen. Mit der Wurzel ist die Pflanze im Grunde verankert. Betrachten wir die Blüte der weißen Seerose, die ihren Namen nach der Ähnlichkeit mit einer gefüllten Gartenrose hat, so finden wir grüne Kelchblätter und viele weiße Blütenblätter, die nach innen hin in Staubblätter übergehen. Die schildförmige Narbe des Fruchtknotens erinnert an diejenige der Mohnblumen. Die reifen Samen benutzen die Strömung und den Wind zu ihrer Verbreitung. Unter den bisher genannten Pflanzenfamilien stehen den Wasserrosen die Hahnenfußgewächse am nächsten.

Nun befinden wir uns zwischen hohen binsenähnlichen Halmen. Doch

Schilf. (¼ nat. Größe.)

wir merken gleich, daß wir es nicht mit Binsengewächsen zu tun haben, sondern daß der vermeintliche Halm ein langer Blütenschaft ist, den ein rosenroter Blütenstand in doldenförmiger Anordnung krönt. Die Blätter der Pflanze haben ein schilfartiges Aussehen. Wir haben die hübsche Wasserviole oder Blumenbinse vor uns, und dort, mitten im Graben, der in die Wiese hineinführt, ragt aus dem Wasser ein Blütenstiel mit ganz ähnlich gebauten, aber heller gefärbten Blüten empor, die jedoch nicht in Doldenform, sondern in Quirlen angeordnet sind. Diese Pflanze hat ihren Namen nach der Form ihrer Blätter. Sie heißt Pfeilkraut. In ihrer Nähe, aber im seichteren Wasser dicht am Ufer wächst ihr Bruder, der Froschlöffel. Der Name läßt uns über die Form der Blätter nicht im Zweifel und macht eine Verwechslung mit einer andern Pflanze unmöglich. Die Blüten stehen in quirligen Rispen. Die einzelne Blüte ist viel kleiner als die der Blumenbinsen und des Pfeilkrautes, aber schon die drei weißen oder rötlich gefärbten Blütenblätter verraten ihre Zusammengehörigkeit mit den andern beiden Pflanzen. Betrachten wir so einen in voller Blüte stehenden Froschlöffel, so müssen wir sagen, daß er ein hübsches Gewächs ist und einem Sumpfaquarium zur schönsten Zierde gereichen kann. Kommen wir aber einige Stunden später wieder, kurz nach Sonnenuntergang, so ist von der Blütenherrlichkeit nichts mehr zu sehen. Man glaubt, daß die Blumen verblüht, ihre Blütenblätter abgefallen sind. Denselben Eindruck macht die Pflanze am andern Morgen. Sehen wir aber genau zu, so finden wir, daß alle Blütenblätter sich ganz klein zusammengerollt haben, und wenn die Mittagssonne strahlend am Himmel steht, dann leuchten die Blütenrispen der Froschlöffelpflanzen wieder weithin über Wasser und Sumpf.

Ein schwacher Lufthauch fährt über den Teich und verursacht zwischen den Pflanzen des Ufers ein säuselndes Geflüster. Es

Blütenpflanzen im Sumpf.

sind die Blätter des Schilfrohres, die leise rauschend und klirrend gegeneinander schlagen. Wird der Wind heftiger, so drehen sich alle Blätter, als wenn sie Windfahnen wären, und so ist es selbst dem stärksten Gewittersturm nicht möglich, die Rohrhalme zu knicken. Das Schilfrohr, auch Rohrschilf, Teichrohr oder Ried genannt, gehört zur Familie der Süßgräser. Der Blütenstand ist eine vielästige, weit ausgebreitete, bräunlich= rote Rispe, die zur Zeit der Fruchtreife einseitswendig und überhängend wird. Man ver= wendet das Ried, die größte Grasart Deutschlands, auf mancherlei Weise; namentlich gebraucht man es zum Dach= decken, zum Berohren der Wände, zu Matten und Rohr= wänden um Mistbeete.

Am Uferrande finden wir auch noch eine schilf= ähnliche Pflanze mit blattför= migem Blütenschaft, der an der Seite, ungefähr auf halber Höhe einen länglichen, grünen Blütenkolben trägt. Es ist der gewürzhaft riechende und schmeckende Kalmus, dessen Wurzelstock ein gutes Heil= mittel gegen einen schwachen

Rohrkolben. (¹/₄ nat. Größe.)

Magen hergibt. Die Kinder brauchen ihn aber anders. Sie schneiden aus ihm die Pfropfen für ihre Knallbüchsen.

Zwischen dem Kalmus und den säbelförmigen Blättern der Wasserschwertlilien ragen hoch die schwarzbraunen Kupferkeulen empor. Das sind die Blütenstände des Rohrkolbens, von dem es zwei Arten gibt, den breitblättrigen und den schmalblättrigen. Diese Pflanzen sind einhäusig, und die männlichen Blütenkolben sitzen an dem Blütenschafte oberhalb der weiblichen. Beim breitblättrigen Rohrkolben berühren sie sich, beim schmalblättrigen sind sie getrennt. Nach erfolgter Bestäubung, die durch den Wind vorgenommen wird, fallen die Staubblätter ab, und die leere Spindel bleibt als Verlängerung des Fruchtkolbens zurück. Die Blätter der Rohrkolbengewächse benutzt man „zum Verliefchen" der Fässer, d. h. man legt sie zwischen die Faßdauben oder Tonnenstäbe, um die Fugen dicht zu machen. — Zu derselben Pflanzengruppe gehört der weiterhin am Graben wachsende Igelkolben, der wegen seiner kugeligen, stachelichten Früchte so genannt wird.

Was für Riesenblätter sind denn das, die da zwischen den Pflanzen des Ufers emporragen, wie König Saul über das Volk Israel? Man sollte meinen, eine Blattpflanze aus einem tropischen Walde vor sich zu haben, so eine stattliche Länge und Breite weisen sie auf. Der knotig gegliederte Stiel und die rötlichgrünen Blüten an demselben erinnern uns an den Sauerampfer, und wirklich haben wir

Wollgras. (Etwas unter nat. Größe.)

es mit einem Ampfer zu tun, denn es ist der Fluß= oder Riesenampfer, der hier wächst.

Nun lenken wir unser Boot hinein in die Mündung des Wiesengrabens. Derselbe hat nur auf einer Seite ein festes Ufer, die andere stößt an ganz flaches Gewässer, aus dem die stacheligen Blätter der Wasseraloë heraus= ragen. Wegen ihrer Ähnlichkeit mit den fremdländischen Aloën und wegen ihres scharfen Saftes heißt die Pflanze so, doch führt sie auch den Namen Krebsschere, wegen der Form und Stellung der Hüllblätter, welche die weiße Blüte schützen. Sonst sind die Blätter zu einer Rosette geordnet. Die Blüte zeigt uns, daß die Pflanze gleich der vorhin ge= nannten Wasserpest zu den Frosch= bißgewächsen gehört, und den Froschbiß selbst, sehen wir auch schon. Es ist eine Schwimm=

Seebinse. (Etwas unter nat. Größe.)

pflanze, deren Blätter ein sehr verkleinertes Bild der Mummel= blätter sind, und die darum mit keiner andern Schwimmpflanze verwechselt werden kann.

Wir steigen nun ans Ufer und gehen am Graben entlang, auf dessen Wasserspiegel wir noch andere Schwimmpflanzen sehen, die winzigen Wasserlinsen, die man auch Entenflott nennt. Sie bebecken streckenweise die Wasseroberfläche wie ein grüner Teppich. Zwischen ihnen erheben sich schilfrohrartige Gräser, die aber viel kleiner sind als das Rohr, es sind die Halme des Sumpf= oder Wiesenschilfes. Weiterhin auf dem sumpfigen Wiesengrunde wachsen überall die dunkelgrünen, stielrunden, kahlen Blätter der Simsen oder Binsen mit ihren bräunlichen, trockenhäutigen, seitlich sitzenden Blüten. Wegen ihrer Zähigkeit benutzt man die Binsen zu allerlei Flechtwerk, macht Bänder, Matten, Hüte, Fußschemel und Stuhlsitze daraus und verfertigt aus ihrem Mark Lampen= dochte. Ihnen schließen sich die Seggen oder Halbgräser an, zu denen auch das Wollgras, welches wir früher schon als Vertreter der Sauer= oder Riedgräser erwähnten, gehört. Aus seinen Samenhaaren macht man Dochte und minderwertige Watte.

---

40. Die Nadelhölzer.

Als der Vater im Garten Bohnen pflanzen wollte, steckte er auf den Beeten in zwei Reihen lange, dünne Stangen schräg in die Erde, daß sie sich oben kreuzten, und verband die Kreuzungs= punkte durch Querstangen. So entstand ein Gerüst, an dem die Bohnen später emporranken sollten. Was für Bäume mögen das sein, die so gerade, lange und dünne Stämme haben? Wir wollen hinausgehen in die Heide, dort können wir sie sehen. Bald merken wir, daß wir auf dem richtigen Wege sind, denn es kommt uns ein ganzes Fuder solcher Stangen entgegen. Der Fuhrmann sagt, daß der Förster sie hat schlagen lassen und als Hopfenstangen verkauft. Bei einigen sitzt noch an der Spitze ein Schopf von langen Nadeln, die immer zu zweien paarweise zu=

sammenstehen. Die jungen Bäume sind also **Nadelhölzer** und zwar **Kiefern.**

Nun sind wir draußen am Kiefernwalde. Wie sehen unsere Schuhe aus und unsere Kleider! Es hat lange nicht geregnet, und es stäubt auf dem Feldwege entsetzlich. Das ist ja nichts als Sand hier, wie ist es nur möglich, daß die Bäume in diesem Boden gedeihen können? Das kommt von ihrem gewaltigen Wurzelwerk, das den Boden nach allen Seiten hin

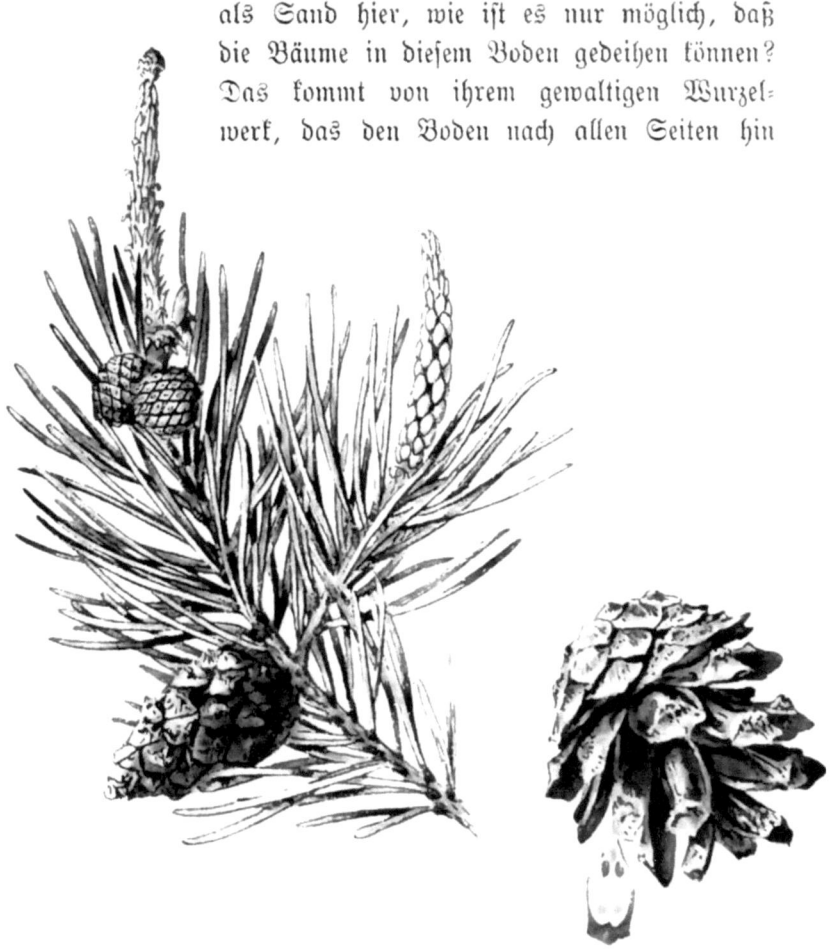

Kiefernzweig mit männlicher und weiblicher Blüte. (Etwas unter nat. Größe.)　　Geöffneter Zapfen mit herausfallendem Samen. (Nat. Größe.)

durchzieht, ebenso wie das der Tannen und Pappeln. Außerdem aber hat die Kiefer noch eine mächtige Pfahlwurzel, die tief hinabreicht in jene Bodenschichten, die auch im heißen Sommer noch etwas Feuchtigkeit enthalten.

Die Stämme der jungen Kiefern sind umhüllt von einer rotbraunen Rinde, die sich in häutigen Blättern ablöst, wie wir sie ähnlich gesehen haben an der Tulpen- und Küchenzwiebel. Später, wenn der Baum älter wird, bekommt er eine graubraune, korkartige Rinde. Diese schützt ihn gegen zu starke Austrocknung. Verwundet man die Rinde, so quillt das Harz hervor, an dem das Holz der Kiefer sehr reich ist. Darum brennt es auch so gut, und an den Türen gehen Leute herum und bieten der Hausfrau zerspaltenes „Kienholz" oder „Föhrenholz" zum Kauf an, damit sie leichter Feuer anmachen kann. Die Kiefer heißt nämlich auch F ö h r e. — Ihre Zweige wachsen in Quirlen, also im Kranze aus dem Stamme hervor, und dieser wächst in jedem Jahr ein Stück weiter, so daß man an der Zahl der Quirle erkennen kann, wie alt der Baum ist. Die unteren Zweige sterben aber wegen Lichtmangels ab.

Während unsere Laubbäume in jedem Herbst ihre Blätter verlieren, behält die Kiefer ihre Nadeln mehrere Jahre, und die abfallenden werden durch neue ersetzt. Sie ist also ein immergrüner Baum. Wir wissen auch, daß die Not sie zwingt, ihre Nadeln zu behalten, und daß der Baum aus Sparsamkeit nadelförmige Blätter hat, die der Sonne und dem Wind nur eine geringe Fläche bieten.

Wie beim Haselnußstrauch und der Erle finden wir Staubblüten und Stempelblüten auf ein und demselben Kiefernbaume. Die Kiefer ist also eine einhäusige Blütenpflanze. Die Bestäubung besorgt der Wind. Die Stempelblüten sitzen in Gestalt kleiner roter Zapfen an den Enden junger Triebe. Zwischen

Die Nadelhölzer.

den einzelnen Schuppen und der Achse des Zapfens sitzen die Fruchtblätter und an ihrem Grunde die Samenknospen. Die Samen sind nicht wie bei allen bisher besprochenen Pflanzenfamilien in einem Fruchtknoten eingeschlossen, sondern sind nackt. Die Kiefer und alle Nadelhölzer bilden also die zweite große Abteilung der Blütenpflanzen: die **Nacktsamigen,** die sich auch bei der Keimung von den Bedecktsamigen unterscheiden. Denn während diese entweder zwei= oder einkeimblättrig sind, keimen die Samen der Kiefer mit fünf oder sechs nadelförmigen Blättern, man könnte die Nadelhölzer daher auch **vielkeimblättrige** Pflanzen nennen. — Anfangs stehen die Fruchtzapfen aufrecht. Ist die Bestäubung erfolgt, so nehmen die ehedem roten Zapfenschuppen eine graugrüne Färbung an und verkleben sich mit Harz, daß der Same ungestört reifen kann. Das geschieht im zweiten Jahre. Dabei senken sich die Zapfen nach unten, und die Schuppen verholzen und werden braun. Im dritten Jahre öffnen sich die Schuppen und spreizen sich weit auseinander, d. h. nur bei trockenem Wetter; werden sie durch Regen feucht, so schließen sie sich wieder, damit der Same nicht leidet. Aus den geöffneten Zapfen fallen die mit einem Flügel (siehe Seite 38 „Wanderburschen") versehenen Samen und werden vom Winde davongeführt.

Andere Nadelhölzer sind: die Fichte oder Rottanne, die zu Weihnachten das Kinderherz erfreut, die Weißtanne, die Zeder und die Lärche. Auch den Wacholder, die fremdländischen Zypressen und die Lebensbäume rechnet man zu den Nadelhölzern, ebenso wie die Eibe, auch Taxus genannt, die zu lebendigen Hecken verwandt wird. Die Zweige und Blätter dieser Pflanze enthalten einen Giftstoff, der bei Pferden und Schafen tödlich wirkt.

41. Der Wald.

Draußen herrscht König Winter. Flüsse und Seen belegte er mit Eis, und seine weiße Schneedecke breitete er über die Felder, dunkel hebt sich der Wald ab vom hellen Grunde. Wir treten ein in den schweigenden Forst. Auch hier liegt überall Schnee, aber unter ihm befindet sich eine dicke Schicht abgefallenen Laubes, das wie ein warmes Federbett all die feinen Würzelchen und die Keimlein, die in den Samen am Boden schlummern, zudeckt, daß der Frost ihnen nichts anhaben kann. Eichhörnchen und Eichelhäher haben viele, viele Früchte der Waldbäume verzehrt, unzählige Eicheln, Bucheln und Haselnüsse als Wintervorrat versteckt, davon sehr viele so gut, daß sie dieselben selbst nicht wiederfinden konnten. Dadurch sind sie zu Gärtnern geworden, weil die in Erdlöchern untergebrachten Samen später keimten und zu Pflanzen heranwuchsen. Wenn die reifen Früchte aber erst von den Bäumen herabgefallen waren, so konnten die Tiere sie wegen ihrer Schutzfärbung am Boden nicht finden, und so gleicht das abgefallene Laub am Waldesboden einem gewaltigen Lagerhause, in dem ungeheure Schätze aufgespeichert sind. Es gibt keinen Baum, keinen Strauch, kein Gewächs des Waldes, das nicht seinen Anteil dazu geliefert hätte, von der riesigen, himmelanstrebenden Esche bis zum winzigen Moospflänzchen, vom tausendjährigen, gewaltigen Eichbaum bis zum vergänglichen Pilze, der nur wenige Tage sein Hütchen aus dem braunen Laube am feuchten Grund emporgestreckt hat. An einigen jungen Buchen und Eichen haften noch braune Blätter, sonst stehen die Bäume kahl da und strecken ihre Kronen wie riesige Besen zum grauen Winterhimmel empor. An ihren Zweigen sitzen Tausende und Abertausende von Knospen, eingehüllt im

Der Wald im Winter.

braunen Wintermantel, und harren der Zeit, da die belebende Sonne sie wecken wird aus ihrem langen, tiefen Schlafe. Nur die Nadelhölzer sind grün, und an den Zweigen der älteren Kiefern und Tannen hängen als hübsche Abwechslung zwischen den dunklen Nadeln die braunen Fruchtzapfen, und in ihren Wipfeln hören wir Vogelgezwitscher. Das niedliche Goldhähnchen, das noch kleiner ist als der Zaunkönig, treibt hier sein munteres Wesen, und — o Wunder, sogar ein Vogelnest mit jungen Vöglein darin birgt sich im Gezweig jener hohen Tanne, und die Eltern fliegen ab und zu und füttern ihre Brut, die Mutter im grauen Hauskleide und der Vater im prächtigen roten Rock. Es sind Kreuzschnäbel, die sich von den Samen der Nadel= hölzer nähren.

Aber in alten hohlen Eichen schlafen dicht zusammengedrängt Scharen der wunderlichen Fledermäuse, und unten, eingewühlt im Mulm des gehöhlten Stammes, liegen zu Knäueln geballt harmlose Blindschleichen oder giftige Kreuzottern oder Ringel= nattern und andere Schlangen. In den Höhlungen zwischen dem Wurzelwerk hocken Kröten und schlummern die sonst so flinken Eidechsen. In den Astlöchern und den Ritzen der Rinde harren Schmetterlinge des kommenden Frühlings. Andere brachten dort ihre Eier unter oder befestigten sie und ihre Raupengespinste an den Zweigen und zwischen den welken Blättern. Unter der Baum= rinde und unter Steinen ruhen Schnecken, Käfer, Spinnen und Asseln, Tausendfüße und sonst allerlei Gewürm. Gar vielen ist der Schnee eine schützende Decke, doch manchen ist er auch sehr lästig und wird ihnen, wenn er lange liegt, leicht zum Verderben. Hirsche, Rehe und Hasen, Mäuse und Eichhörnchen leiden durch ihn große Not. Schwer darben auch die körnerfressenden Vögel, während diejenigen, die sich von Insekten nähren, immer noch eher ihre Nahrung in den Verstecken zu finden wissen. Der

Fuchs aber schleicht mit bellendem Magen umher und folgt ihnen mit lüsternen Blicken.

Es brausten die Frühlingsstürme und brachen das Eis. Der Schnee zerschmolz, und in den Gärten liefen die Stare umher in blitzenden Röcklein. Da stäubten am Waldrande die Kätzchen der Hasel und zwischen den hohen Stämmen der Buchen schmückte sich ein bescheidener Strauch, der Seidelbast, mit seinen violetten Blüten. Dann folgte draußen am Bache die Salweide und im Walde am Boden das Buschwindröschen. Nun trieben die Birken das erste Grün, und die Knospen der andern Bäume erwachten, und es begann sich in ihrem Innern zu regen. Das Knospenharz löste sich auf, und die Wipfel der Buchen glänzten rötlichbraun im Sonnenschein, bis endlich ein grüner Schimmer ausgegossen schien über den ganzen Wald, aus dem nur noch Eichen und Eschen im alten Wintergrau hervorragten neben dem dunklen Kleide der Kiefern und Tannen.

Endlich war auch ihre Zeit gekommen, der ganze Wald prangte im Schmuck des jungen Grüns. Birke und Buche, Ahorn und Linde, Pappel und Erle hatten bereits dichtbelaubte Kronen, auch Esche und Eiche trieben junge Blätter, und Kiefer und Tanne wollten nicht zurückbleiben. Besonders schmuck sah die Tanne aus mit dem frischen Hellgrün des Maiwuchses — so nennt man die jungen Schösse am Ende der alten Zweige. Sie braucht sich wahrhaftig nicht zu schämen vor den Laubhölzern, denn sie hatte ihren Pfingstschmuck so gut wie diese und blühte wie sie. — Gar verschieden war die Blüte der Laubbäume: die Roßkastanie in der Allee wollte Königin sein und meinte, sie könnte es noch besser als der Apfelbaum und die andern Obstbäume im Garten, aber der Goldregen, der sich noch über seine Schwester, die stolze Robinie, erhob, machte ihr den Rang streitig. Da konnten Ahorn und Linde freilich nicht mit, obgleich sie zu derselben Gruppe der Blattkeimer gehören. Sie mußten mit ihren unscheinbaren Blüten bescheiden zurückstehen, aber die Linde ließ sie ruhig prunken und prahlen. Sie verbreitete ihren köstlichen Duft und bekam mehr Besuch als alle andern. — Auch die zweite Gruppe, Blattkeimer mit verwachsenen Blumenblättern, hat ein Mitglied unter den Bäumen im deutschen Walde. Es ist die schlanke, fast alle andern überragende Esche. Da sie aber ein Windblütler ist, so fällt uns ihre Blüte nicht sonderlich auf. Anders freilich ist es im Garten, wo der Flieder, oder wie man auch sagt: die Syringe, die Vertretung übernimmt. Ihre prächtigen violetten oder weißen Blütentrauben mit dem köstlichen Dufte machen sie zum Liebling bei groß und klein. — Um so zahlreicher sind die Bäume aus der dritten Gruppe. Es sind mit wenigen Ausnahmen — wie z. B. die Weiden — Windblütler. Hierher gehören die mächtige Eiche, die herrliche Buche, die liebliche Birke, der sagenumwobene Haselstrauch, aus dessen Gezweig abergläubische Schatzgräber sich Wünschelruten schnitten, der Walnußbaum, die Erle und die Pappel. Die letztere sieht der Förster nicht gern im Walde. Er nennt sie Forstunkraut, weil sie mit ihrem ausgebreiteten Wurzelwerk weithin den Boden durchwuchert und den andern Bäumen die Nahrung entzieht. — Nach Spitzkeimern suchen wir vergeblich unter unsern Waldbäumen. Wollen wir sie finden, so müssen wir weit reisen nach unsern Kolonien unter dem Äquator im heißen Afrika. Dort wachsen sie in den dichten Urwäldern, und man holt sie her und pflanzt sie in Gewächshäusern, es sind Palmen. Viele von ihnen sind Schattenpflanzen, die im Halbdunkel unter den Laubkronen der Bäume gedeihen wie bei uns die Farnkräuter.

„Da kam am Tag der scharfe Strahl, ihr grünes Kleid zu sengen, und nächtlich kam der Frost einmal, mit Reif es zu besprengen." Es wird Herbst. Die Blätter der Bäume haben ihre Schuldigkeit getan. Sie haben den Baum ernährt und Nahrung aufgespeichert fürs kommende Frühjahr. Gewaltige Wassermengen haben sie aus dem Erdboden gezogen und wieder als Wasserdampf hinaufgeschickt zum Himmel. Dort sammelte er sich in dunklen Wolken und rauschte dann wieder herab als fruchtbringender Regen. So wurde der Wald zum Segen für die ganze Gegend. Darauf verrichteten die Blätter ihre letzte Arbeit, sie bildeten zwischen Zweig und Blattstiel die trennende Korkschicht, dann verfärbten sie sich. Der Wald legte sein buntes Trauerkleid an, und bald waren die Nadelhölzer wieder die einzigen grünen Bäume. Das Laub deckte abermals den Boden und barg Millionen von Samenkörnlein, die der Auferstehung entgegenschlummerten.

42. Blütenkalender der bekanntesten Pflanzen.

Im **Vorfrühling** blühen schon
  in Hecken, Gebüschen und Laubwäldern:
    das wohlriechende Veilchen und das Hundsveilchen,
    Primeln oder Schlüsselblumen,
    das Lungenkraut (blüht rot auf, dann violett),
    der Seidelbast oder Kellerhals, rot, noch ohne Blätter,
    der Schlehenstrauch oder Schwarzdorn, weiß,
    Buschwindröschen, Scharbockskraut, goldhaariger Hahnenfuß,
    Haselnußstrauch,
    Zitter- und Alleepappel,
  in Gärten:
    kleines und großes Schneeglöckchen (Frühlingsknotenblume),
  an Ufern:
    Pestilenzwurz (Korbblütler), purpurn,
    Erle,
  auf Lehmboden:
    Huflattich (Korbblütler), einzelne Blüten, noch keine Blätter.

Von **März** bis **Juni** blühen auf Feldern und Äckern:
    Feldehrenpreis, blau, in Trauben,
    Frühlingshungerblümchen, weiß.

Vom **Vorfrühling** bis zum **Spätherbst** blühen überall:
    Hirtentäschel (Kreuzblütler), weiß,
    Marienblümchen oder Tausendschön (Korbblütler).

Im **April** blühen in Gärten und auf sonnigen Waldhügeln:
    Erdbeeren und Kirschbäume.

Im April und Mai

in Hecken oder an Wegen:
>Gamander-Ehrenpreis, blau,
>Roßkastanie,
>großblumige Sternmiere, weiß,
>die gemeine Gundelrebe (Lippenblütler), blau oder violett,
>die gemeine Weide,

in Gebüschen und Laubwäldern:
>Sauerklee, weiß mit rötlichen Adern,
>Buche, Stieleiche und Birke, Kiefer und Lärchentanne,

auf nassen Wiesen:
>Sumpfdotterblume,
>Wiesenschaumkraut,

in Gärten:
>Syringen,
>Stachel- und Johannisbeeren,
>Zwetschen-, Birn- und Apfelbäume.

Von April bis September blühen

an Wegen und Hecken:
>der lanzettblättrige Wegerich,
>das Schöllkraut, gelb, gelber Milchsaft (Mohngewächs),
>weißer und roter Bienensaug (Lippenblütler),
>Löwenzahn (Korbblütler),

auf Äckern:
>das Ackertäschelkraut (Kreuzblütler),
>die Zaunwicke (Schmetterlingsblütler), purpurviolett,

an nassen Stellen:
>Sumpfvergißmeinnicht.

Im Mai blühen

in Gebüschen und Wäldern:
>der wohlriechende Waldmeister, weiß,
>Schneeballstrauch,

Maiglöckchen,
Heidelbeere,
Weißdorn und Vogelbeere,
Fichten,

an Ufern:
: die gelbe Wasserschwertlilie.

Im Mai und Juni blühen

an Wegen und Hecken:
: der bittersüße Nachtschatten, violett,
der Flieder oder Holunder,
der Pfeifenstrauch,

in Gebüschen und Wäldern:
: Goldnessel (Lippenblütler),
Traubeneiche (Eicheln sehr kurz gestielt),

auf Wiesen und Triften:
: Kuckucksnelke, rot,
knolliger und scharfer Hahnenfuß, gelb,
Hahnenkamm oder Klappertopf, gelbe Rachenblüte mit blauen Anhängseln,
Hornklee (Schmetterlingsblütler) gelb, außen rot,
weiße Wucherblume, (Korbblütler),
Knabenkräuter,

auf Äckern:
: Mohnblume, rot,

auf sandigen Hügeln:
: das Frühlingsruhrkraut (Korbblütler), weiß oder rot.

Von Mai bis August blühen

an Wegen oder Hecken:
: die Glockenblume, blau,
der stinkende Storchschnabel, rot, weiß gestreift,
das gemeine Habichtskraut (Korbblütler), gelb, rot gestreift,

auf Wiesen und Triften:
: kleiner Sauerampfer,
: Hopfenklee, gelb, Wiesenklee, rot (Schmetterlingsblütler),

auf Äckern:
: die Ackerwinde, rot oder weiß gestreift,
: der Ackerhahnenfuß, gelb,
: der weiße Senf, gelb, und der Ackerhederich, weiß oder gelb, (Kreuzblütler),

in Teichen, Bächen und an nassen Stellen:
: Wasserhahnenfuß, weiß, kriechender Hahnenfuß, gelb, Brunnenkresse, weiß, (Kreuzblütler).

Im Juni und Juli blühen

an Wegen und Hecken:
: die Hundsrosen,

auf Wiesen und Triften:
: die Schmetterlingsblütler: Hauhechel, rötlich, Wiesenplatterbse, gelb, und Vogelwicke, bläulich,

auf Getreideäckern:
: die Kornrade (Nelkengewächs), purpurlila,
: der Feld=Rittersporn (Hahnenfußgewächs), blau,
: der Ackersenf (Kreuzblütler), gelb,
: Kamille und blaue Kornblume (Korbblütler),

in Gärten:
: Dill (Doldenpflanze),
: Gartenrose (bis zum Herbst),

in Gewässern, an Ufern und sumpfigen Stellen:
: das schwimmende Laichkraut mit Ährenblüten,
: die Weidenröschen, rot,
: die Blumenbinse, rosa,
: die gelbe Teichrose, die weiße Seerose und der Gifthahnenfuß, gelb, (bis September),
: Rohrkolben und Igelkolben,

in der Öde:
> der Mauerpfeffer, gelb.

Von Juni bis September blühen

an Wegen und Hecken:
> das gelbe Labkraut,
> Schafgarbe, weiß oder rötlich, Kratzdistel, rot, (Korbblütler),
> die kleine Brennessel,

auf Wiesen und Triften:
> Mohrrübe (Schirmblütler),
> der gemeine Sauerampfer,
> der Feldthymian, rot, (Lippenblütler),

in Gärten:
> die Hundspetersilie oder Gartengleiße (Schirmblütler), giftig,
> die rundblättrige Wolfsmilch, giftig,

an sandigen Stellen:
> die Grasnelke, rot oder weiß,
> das Leinkraut (Rachenblütler), gelb.

Im Juli und August blühen

an Wegen und Hecken:
> die Zaunwinde, weiß,
> das Bilsenkraut (Nachtschattengewächs, sehr giftig),
> die Königskerze (Rachenblütler), gelb,
> die Linden,
> das Johanniskraut oder Johannisblut, gelb,
> die blauen Zichorien und die Kletten (Korbblütler),

in Gärten und auf Äckern:
> die Kartoffel,
> die Acker=Kratzdistel, rot, (Korbblütler).

Von Juli bis Oktober blühen

an Wegen und Hecken:
> der Wermut, der gemeine Beifuß und der Rainfarn (Korbblütler),
> die große Brennessel,

ebenda und in Gärten und auf Äckern:
der schwarze Nachtschatten,
die Hundskamille (Korbblütler).

Im August blühen:
Enzian, blau,
Herbstzeitlose, rötlich,
gemeine Heide.

Dritter Abschnitt:

Etwas von den blütenlosen Pflanzen.

———

43. Hutpilze.

Wir wandern durch den herbstlichen Wald, umschwirrt von fallenden Blättern. Da sehen wir sonderbare Gestalten am Boden. Bleiche Nachtgestalten mit mächtigem Hut auf dem kurzen Körper, erscheinen sie als wunderliche Gnomen, heraufgestiegen aus dem unterirdischen Reiche der Zwerge. Als wir vor einigen Tagen desselben Weges kamen, waren sie noch nicht da, kommen wir nach kurzer Zeit wieder, so werden diese verschwunden sein und andern Platz gemacht haben, bis der Winter sie verbannt. Aber wenn der Frühling kommt, sendet das Volk der Pilze neue Scharen hervor aus dem Grunde, bis die Dürre des Sommers ihnen Einhalt gebietet. Doch kommt dann der Herbst, so sind sie wieder da und zeigen sich uns im schnellen Wechsel von Werden und Vergehen.

Dort steht einer, der ist wohl König unter ihnen. Sein mächtiger Hut ist scharlachrot und besetzt mit weißen Tüpfeln, als wollte er sich zeigen im Purpur und Hermelin des Herrschers. Aber recht unköniglich ist sein Name, denn er heißt **Fliegenschwamm**, und ich will dir nicht raten, dich mit ihm abzugeben, denn er würde es dir übel lohnen. Er ist nämlich ein schlimmer, giftiger Bursche, und hat seinen Namen bekommen, weil man ihn früher in Scheiben geschnitten und mit Milch vermischt hinstellte, als Futter für die lästigen Stubenfliegen, die nach solcher Henkersmahlzeit eines jämmerlichen Todes starben.

Wir fürchten uns aber nicht vor ihm, denn da wir ihn nicht essen wollen, so soll sein Gift uns wenig anhaben, Wasser, Seife und Nagelbürste werden es nachher bald von den Händen entfernen. Also nehmen wir ihn auf, damit wir ihn besser ansehen können. Am unteren Ende seines Stieles ist er knollig verdickt und hat eine schuppige Wulst. In der Mitte des Stieles zieht sich ein Hautring um ihn herum. Dann kommt der Hut mit seiner bunten Oberseite. Zuerst ist er sehr gewölbt, dann wird er flach. Seine Unterseite ist eigentümlich gestaltet. Hast du in einem alten Buche mal Bilder liegen gehabt und konntest beim Nachblättern nicht alle wieder herausfinden? Es war dir zu langweilig, Blatt für Blatt umzuschlagen, und so faßtest du das Buch zu beiden Seiten mit den Händen am Umschlag und hieltest es hoch und schütteltest, damit die Bilder herausfallen sollten. So wie die Blätter des Buches dann nach unten hängen, so sieht der Hut des Fliegenpilzes auf seiner Unterseite aus. Man nennt ihn darum einen **Blätterpilz.**

Zu Hause sollen sie den hübschen, giftigen Kerl auch kennen lernen, darum nehmen wir ihn mit. Einstweilen legen wir ihn auf ein Stück Papier in den Bücherschrank, denn die Mutter ruft zum Mittagessen, und wir müssen unsere Hände reinigen. Nach einigen Tagen holen wir ihn wieder hervor. Er ist ganz eingetrocknet und auf dem Papier liegt unter seinem Hut eine Schicht von einem graulichen Mehlstaube. Es sind die Samen oder Sporen des Pilzes, die zwischen seinen Blättern sich entwickelt haben und nun herausgefallen sind. Der Wind muß diese Staubkörperchen leicht über ungeheure Gebiete verbreiten können.

Wieder gehen wir durch den Wald und treffen eine ganze Kolonie von Fliegenschwämmen. Dort steht ein ganz alter mit flachem Hute, mit verblichenem Rot und verschrumpften Hermelin=

flocken. Neben ihm steht ein anderer in der Fülle seiner Kraft, prächtig anzuschauen in seinem halbkugeligen, glänzendroten Hute. Was für ein Ding ist aber diese weiße Knolle dicht daneben? Es ist ebenfalls ein Fliegenpilz, wie wir an seinem etwas größeren Bruder sehen, der ein paar Schritte weiterhin aus dem braunen Laub hervorgebrochen ist. Aha, nun wissen wir, woher die Hermelin= flocken auf dem roten Hute stammen. Der ganze Pilz ist in seiner Jugend eingeschlossen von einer weißen Haut, wie das Küchlein von der Eierschale. Der dort ist gerade im Begriff hervorzubrechen, wie das Vöglein, das aus dem Ei schlüpft. Die weiße Haut hat schon Risse bekommen, und wir sehen durch diese die Scharlach= farbe hervorleuchten. Bald zerreißt die Haut ganz, und die Flocken auf dem Hute und der Ring um den Stiel sind die Überbleibsel davon. Welchen Zweck hatte sie denn? In ihrem Schutze sollten die Sporen reifen, und da das geschehen war, streckte sich der Stiel und zerriß die Haut, und der Hut breitete sich aus und wurde flach, damit seine Blätter sich weit ausein= anderspreizen konnten, und dem Winde gestatteten, die heraus= fallenden Sporen fortzuführen.

Wo kommen denn nur all die Pilze so schnell her? Es ist doch sonderbar, daß man an ihrem wulstigen Ende keine Spur von Wurzeln findet. Das wollen wir erforschen. Wir räumen die Laubschicht fort und finden den Boden durchzogen von einem weißlichgrauen Fadenwerk, wie vom Netz einer Spinne. Es ist das „Lager" des Pilzes, und aus den knospenartigen Kügelchen, die auf den Fäden sitzen, entstehen die einzelnen Pilze. Nun geht uns ein Licht auf: das netzartige Lager ist die eigentliche Pflanze, und die Pilze, die auf ihm sitzen, sind nur die Samenträger, wie etwa die Gurken und Kür= bisse, die an den Rankenstielen der Pflanze sitzen.

Eins muß uns aber noch auffallen: das geisterhafte, bleiche

Aussehen der Pilzpflanze. Wie ernährt sie sich, da sie doch kein Blattgrün hat und darum die Nährsalze nicht in brauchbare Speise umwandeln kann? Das Rätsel ist leicht gelöst, denn die Pilze sind Verwesungspflanzen. Sie brauchen keine Nährsalze umzuwandeln, denn sie leben von den faulenden Blättern am Boden, genießen also Speise, die schon zubereitet ist.

Ein anderer Pilz wächst im Walde, der den Fliegenpilz noch übertrifft. Schöner ist er freilich nicht, ob er gleich in der Jugend glänzendrot ist und wie sein Vetter reinweiße Blätter hat. Er verfärbt sich mit zunehmendem Alter, wird braun, grünlich, gelblich, auch weiß, meistens ist er aber oberseits dunkelbraun. Er führt den bezeichnenden Namen Speiteufel, weil nach seinem Genuß sich heftiges Erbrechen einstellt.

Nun wollen wir aber doch die Pilze nicht ganz in Mißkredit kommen lassen, sondern auch einen nennen, der sich großer Beliebtheit erfreut. Es ist der Feld-Champignon. Er ist gleichfalls ein Blätterpilz, den man im Herbst auf Äckern und Viehweiden häufig findet und sammelt zu einer nahrhaften und wohlschmeckenden Speise. Man nimmt ihn aber nur, solange er noch jung ist, denn später ist er durchwühlt von Fliegenmaden und angefressen von Schnecken. Sein Hut ist weiß oder gelblich bis bräunlich, die Blätter sind erst weiß, gehen aber schnell über in Rosenrot und sind zuletzt schokoladenfarbig. Um den Stiel herum sitzt ein Hautring. Man zieht den wertvollen Pilz auch in Mistbeeten, die man in Kellern oder an ähnlichen dunklen und feuchten Orten anlegt. Gedüngt wird mit Pferdemist. Will man eine Champignonzucht anlegen, so muß man das Pilzlager ins Mistbeet hineinbringen.

Was macht denn die Pilze so wertvoll, daß es sich verlohnt, sie in Mistbeeten zu ziehen? Sie dienen nicht allein als würzende Zugabe bei allerlei Speisen, um deren Wohlgeschmack

Hutpilze.

1. Fliegenpilz. 2. Champignon. 3. Eierschwamm. 4. Stoppelpilz. 5. Tintenpilz. 6. Stockschwamm.
7. Knollenblätterpilz. 8. Birkenreizker. 9. Schwefelkopf. 10. Steinpilz. 11. Zunderschwamm.
12. Korallenpilz. 13. Rindenpilze. 14. Spitzmorchel. 15. Bovist.

zu erhöhen, sondern sie sind auch selbst ganz vorzügliche Nahrungs=
mittel, wie einige Vergleiche zeigen mögen. Der getrocknete
Champignon enthält z. B. weit über doppelt soviel Eiweißstoffe
als Roggen und Gerste und fast doppelt soviel wie der Weizen
und steht den Erbsen und Bohnen ungefähr gleich. An Zucker=
stoffen sind im Champignon unter hundert Teilen sechs enthalten.
Dazu kommen noch Nährsalze und Fett. Folglich bietet dieser
Pilz alle diejenigen Stoffe, die in unsern täglichen Nahrungs=
mitteln, also im Brot, im Fleisch, in Eiern und Milch enthalten
sind. Er wird darin aber noch von andern Pilzen übertroffen.

Außer dem Feld=, dem Acker= und dem Waldchampignon
geben auch die ebenfalls zu den Blätterpilzen gehörenden, im
Walde an grasigen Stellen wachsenden Maischwämme, die wir
auf dem ersten Bilde dieses Buches sehen, eine nahrhafte, wohl=
schmeckende Speise. Man erkennt sie leicht an dem Mehl= oder
obstartigen Geruch und an den dicht sitzenden, äußerst dünnen
Blättern. Der Mehlduft ist noch stärker beim Mehlschwamm,
der schattige, moosige Waldplätze liebt und darum auch Moos=
ling heißt. Einen aprikosenartigen Geruch hat der gelbe Eier=
pilz oder Pfifferling, der wegen seines schwach pfefferartigen
Geschmacks nur selten von Insekten angegriffen wird, als Speise=
pilz sich aber großer Beliebtheit erfreut. Ihm sehr ähnlich ist
der giftige Eierpilz. Dieser unterscheidet sich jedoch von dem
echten Eierpilz dadurch, daß seine Blätter keine Queradern haben
und daß seine unten sich stark verdünnenden Stiele am Grunde
schwarz sind. Auch die Champignonarten haben einen giftigen
Doppelgänger. Wenigstens können wir ihn während seiner
Jugendzeit so nennen. Es ist der Knollenblätterpilz, der aber einen
hohlen Stiel hat und sich durch seinen unangenehmen Geruch
verrät. Gleichfalls giftig ist der Birkenreizker und der Schwefel=
kopf, während Stockschwamm und Stoppelpilz eßbar sind.

Einer der wichtigsten Speiseschwämme und einer der größten im Walde ist der **Stein-** oder **Edelpilz**. Sein Hut ist oberseits meistens braun, in der Jugend heller gefärbt als im Alter. Die Unterseite des Hutes ist zuerst weiß, wird dann gelb und nimmt schließlich einen grünlichen Farbenton an. Wir sehen an ihr gleich einen Unterschied gegen die vorgenannten Pilze, denn während diese Blätter haben, ist der Hut des Steinpilzes auf der Unterseite mit vielen kleinen Löchern versehen. Der Steinpilz ist ein **Röhrenpilz**. Die Röhren haben denselben Zweck wie die Blätter. Es entwickeln sich in ihnen die Sporen.

Andere eßbare Röhrenpilze sind der in Nadelwäldern wachsende Butterpilz und der ebenfalls dort, namentlich an den Rändern der Lichtungen, sich findende Kuhpilz, ferner Schmerling und Ziegenlippe, sowie der wohlschmeckende Birkenpilz. Giftig sind der Satanspilz, der Dickfuß und der Hexenpilz. Zu derselben Gruppe der Pilze gehören auch der an Buchen wachsende echte Zunderschwamm, der Eichenwirrschwamm und der so sehr gefürchtete Hausschwamm, welcher das Holzwerk überzieht, wie z. B. die Unterseite der Fußbodenbretter, die Türbekleidungen zwischen Holz und Mauer, das Gebälk im Keller. Große Flächen bedeckt der Schwamm und zerstört das Holz, aber er wird auch durch seine Ausdünstung den Bewohnern gefährlich, namentlich führt er Augenentzündung herbei, wenn er sich am Holz eines Schlafzimmers angesiedelt hat.

Wir wollen die Hutpilze nicht verlassen, ohne noch der so sehr geschätzten Trüffel und der Morcheln zu gedenken, obgleich sie wissenschaftlich nicht in diese Gruppe eingereiht sind. Zu einer andern Familie gehört die entsetzliche Stinkmorchel, die auch Hexenei genannt wird. Sie ist ein Bauchpilz, steht aber den Hutpilzen nahe. Die übelriechenden Sporen werden von Aasfliegen verbreitet. Bauchpilze sind auch die bekannten Bofistarten, die wohl jeder schon auf den Triften angetroffen hat. Sie sehen nach ihrer Form etwa wie eine Birne aus, sind in der Jugend gelblichweiß und färben sich später bräunlich. Die äußere Hülle öffnet sich oben mit einem rundlichen Loch, aus welchem eine Wolke dunkelfarbiger Sporen emporstäubt, wenn man auf den reifen Pilz tritt. Dieser Sporenstaub wird zum Blutstillen gebraucht, weil er mit dem Blut vermischt, schnell eine Kruste bildet. Der giftige Hartbosist dient in Scheiben geschnitten betrügerischen Händlern zur Fälschung der Trüffeln.

Noch viele Pilze finden wir im Walde und auf dem Felde. Eine große Zahl von ihnen dient uns zur Speise, aber wer Pilze sammelt, soll bedenken, daß es auch viele giftige gibt, deren Genuß dem Menschen Krankheit und Tod bringt. Dabei sehen die giftigen Schwämme den eßbaren oft recht ähnlich, und wer die Unterschiede nicht genau kennt, der lasse lieber seine Finger davon. Es ist kein Zeichen von Giftigkeit, wenn silberne Löffel oder Zwiebeln im Kochtopf zwischen den Pilzen schwarz anlaufen, aber allgemein soll man sich vor solchen Pilzen hüten, die einen Milchsaft aussickern lassen, die in schwarze Jauche zerfließen, die einen unangenehmen Geruch haben, deren Oberhaut klebrig ist, die sich beim Durchschneiden schnell blau färben, und endlich vor solchen, deren Stiel mit seinem unteren knollig verdickten Ende in einer Wulsthaut sitzt, wie bei dem leicht kenntlichen Fliegenpilz, und vor solchen, die sehr grell ge= färbt sind. So z. B. sind alle Röhrenpilze giftig, die an den Röhrchen und am Stiel rote Färbung haben.

44. Pilze als Feinde und Freunde der Menschen.

Bei der Betrachtung der Weidengewächse haben wir schon gesehen, daß Pilze als Baumverderber auftreten können, da sie mit dem Regenwasser eindringen in die Schnittstellen der Kopfweiden und den Stamm höhlen, indem sie das Holz zerstören. Andrerseits könnten manche Bäume ohne Hilfe der Pilze gar nicht gedeihen. Als Beispiele nennen wir die Buchen und die Kiefern, deren feine Wurzeln ganz und gar mit einem dichten Pilzüberzuge bedeckt sind. Die Pilze entziehen dem Boden sehr viel Feuchtigkeit und führen dieselbe den Wurzeln des Baumes zu, ernähren sie also gleichsam. So sind die Pilze also nicht nur Schädlinge, sondern auch Wohltäter für die Pflanzen.

Wir haben ferner gesehen, daß es giftige und eßbare Pilze gibt. Mit diesen kommt der Mensch nur in Berührung infolge seines eigenen Willens, und darum spielen sie keine so wichtige Rolle. Von weit größerer Bedeutung sind aber diejenigen kleinen Pilze, die ohne Zutun sich ihm aufdrängen, ja, denen er nicht einmal ausweichen und deren er sich in unendlich vielen Fällen nicht erwehren kann, denn Pilzkeime sind überall, im Hause wie im Freien, in der Luft sowohl wie in der Erde und im Wasser. Sie haften an unseren Möbeln, unseren Kleidern, unserer Haut. Wir nehmen sie ohne unseren Willen und unser Wissen zu uns mit Speisen und Getränken. Sie dringen bei jedem Atemzuge ein in Nase, Mund und Lunge. Sie vernichten nicht nur Pflanzen, sondern zerstören auch tierisches Leben; wir brauchen uns nur zu erinnern an die toten Fliegen, die im Spätsommer und im Herbst an den Fensterscheiben sitzen. Sie sind befallen worden

Pilze als Feinde und Freunde der Menschen. 149

vom Fliegenschimmel, einem Kleinpilze, der ihren Körper ganz durchdrungen hat, und rundherum um die Leiche sehen wir am Glase einen Kranz oder Hof von den Sporen des Verderbers.

a Roggenähre, b Mutterkorn mit Fruchtträgern, c Mutterkorn in der Roggenblüte.
(Etwas unter nat. Größe.)

So steht also der Mensch dem Volke der Pilze als einem furchtbaren Feinde gegenüber, der in gewaltigen und unzähligen Heeren über ihn herfällt. — Gehen wir zur Zeit der Roggen= ernte am Kornfelde entlang, so sehen wir aus manchen Ähren große, schwarzbraune, holzige Körper hervorragen, die man „Mutterkorn" nennt. Sie verdanken ihre Entstehung einem Pilze. Indem derselbe den Fruchtknoten der Kornblüte befällt und zerstört, mindert er den Körnerertrag, und außerdem enthält das Mutterkorn ein schlimmes Gift, das schon schwere Erkrankungen bei Menschen hervorgerufen hat, die es im Brote genossen. Das Brot selbst wird von einem andern Pilze heimgesucht, dem Pinsel= oder Brotschimmel, der sich auch einstellt auf andern Eßwaren, Fleisch, eingemachten Früchten, auch auf Tinte und auf feuchtstehendem Schuhwerk. Ähnliche Pilze überfallen die Blätter unserer Zier= und Nutzpflanzen, z. B. des Weinstocks, und richten ungeheuren Schaden an. Berüchtigt sind dadurch besonders die sogenannten Rost= und Brandpilze. Ebenso und vielleicht noch schlimmer hausen die Algenpilze, durch die z. B. die Kartoffelkrankheit hervorgerufen wird. Unsere schlimmsten Feinde sind aber die **Spaltpilze** oder Bakterien, von denen wir noch ganz besonders die Bazillen erwähnen wollen. Diese Pilze sind die kleinsten bekannten Lebewesen. Sie sind so winzig, daß sie nur durch das Mikroskop bei sehr starker Vergrößerung sicht= bar sind. Man sieht sie als kleine Kügelchen, als kurze und längere Stäbchen, als kleine Schlangen oder korkzieherartig ge= wunden. Je nach ihrer Gestalt haben sie verschiedene Namen. Diejenigen von der Form längerer Stäbchen heißen Bazillen. Dieses Wort ist abgeleitet von baculus, d. h. Stab. Den Namen Spaltpilze führen sie alle, denn sie vermehren sich, indem ein Pilz sich teilt oder spaltet. Dann ist jeder Teil wieder eine selbständige Pflanze. Bei günstigen Nahrungsverhältnissen und sonstigen Bedingungen ist die Vermehrung eine so ungeheure, daß man sich keine Vorstellung davon machen kann. Die Spalt= pilze sind die Erreger der Fäulnis. Ohne sie gibt es keine Verwesung, denn die Zersetzung der Pflanzen und Tierkörper wird erst durch sie bewerkstelligt. Da die ganze Luft von ihnen erfüllt ist, und man von ihnen sagen kann, daß sie wirklich all= gegenwärtig sind, so zeigen sich auch überall ihre verderblichen Wirkungen und zwar auch an unserem eigenen Körper. Sie setzen sich in unseren Mund und höhlen und zerstören unsere Zähne. Sie sind die Erreger der Schwindsucht, der Diphtherie, der Influenza, der Cholera, der Pest, kurz, sämtlicher ansteckenden Krankheiten bei Menschen und Tieren. Sie sind die unerbittlichen Todfeinde alles Lebenden.

Da gilt es denn, einen unablässigen Kampf zu führen gegen diese schlimmen Feinde, damit sie uns nicht überwältigen und schweren Schaden zufügen an Gesundheit und Leben. Die Grundbedingung für diesen Kampf ist die größte Reinlichkeit des Körpers, der Kleidung, der Wohnung und der Geräte, die zum Essen und Trinken oder zur Zubereitung der Speisen benützt werden. Alle übrigen Mittel ergeben sich aus den Lebensbedingungen der Pilze von selbst. Man tötet sie durch Kochen, man setzt Fleischwaren im Eisschranke großer Kälte aus, Fische und Fleisch werden geräuchert oder gleich dem Obst gedörrt. Auch werden Eßwaren gesalzen, denn Salz ist Gift für die Pilze. Außerdem gibt es eine Anzahl von Flüssigkeiten, wie z. B. Karbolsäure, und andere Stoffe, welche die Pilze vernichten. Diese Mittel wenden die Ärzte an bei Verwundungen und Geschwüren.

Nicht alle Spaltpilze sind Feinde des Menschen, sondern von manchen macht er sich ihre Tätigkeit, durch welche sie in Nährstoffen Veränderungen hervorrufen, zunutze für seine Zwecke. Hierher gehören z. B. die Gärungspilze, und es ist jedem Kinde bekannt, daß man beim Backen von Schwarzbrot Sauerteig verwendet, in dem solche Pilze vorhanden sind. Auch bei der Essigfabrikation und noch zu manchen andern Zwecken bedient man sich der Spaltpilze.

45. Flechten.

Da steht im Walde ein alter Tannenbaum. Er ist keiner von jenen Riesen, die ihre Wipfel erheben über die Häupter ihrer Kameraden, sondern es ist ihm schlecht ergangen in seinem Leben. Das Samenkörnlein, aus dem er entstand, fiel auf einen steinichten Boden, und darum hatte das Bäumchen von Jugend auf zu kämpfen mit Mangel und Nahrungssorgen. Es kümmerte sich niemand um dasselbe, keine pflegende Hand schuf ihm Platz, daß es sich ausbreiten konnte, es war ganz allein auf sich selbst angewiesen. Dabei hatte es auch sonst einen ungünstigen Standort, es war die rechte Wind= und Wetterecke, wo es wuchs. Die Stürme zerzausten es und Schnee und Regen bekam es aus erster Hand. Dabei hatte es nicht einmal Nutzen von dem fruchtbringenden Naß, denn der Boden war zu abschüssig, und das Wasser floß ab und drang nicht ein ins Erdreich. So war der Baum denn ein Bild des Elends und des Jammers. Er hatte nicht den edeln schlanken Wuchs seines Geschlechtes, sondern er war ein Krüppel. Seine Zweige waren entblößt von Nadeln, und die meisten waren sogar schon abgestorben. Aber kahl waren sie darum nicht, sondern sie waren über und über bedeckt mit grauen Pflanzen, die wie lange Bärte von ihnen herabhingen, so daß der Baum aussah wie ein graubärtiger Greis. Es waren Bartflechten, die sich auf ihm angesiedelt hatten.

Sie sind ein sonderbares, vielgestaltiges Geschlecht, diese Flechten. Hier hängen sie von den Zweigen der Bäume herab, dort breiten sie sich auf der Rinde aus in großen Lagern. Sie überziehen die Äste und Stämme der alten Waldriesen und der Obstbäume im Garten, sie breiten sich aus über alte Bretterzäune und bedecken das nackte Felsgestein und die Mauern der Gebäude, wie z. B. die gelbe Wand- oder Schüsselflechte. Den letzteren Namen hat die Pflanze bekommen wegen der schüsselförmigen Fruchtkörperchen.

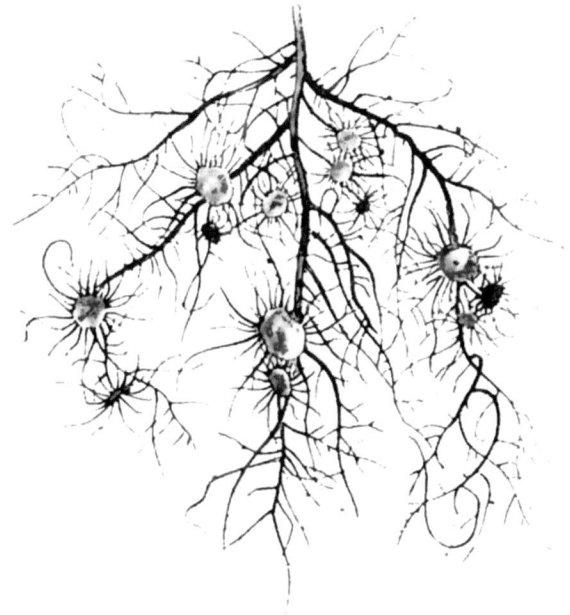

Bartflechte. (Nat. Größe.)

Aber nicht nur auf Bäumen, an Mauern und Gestein treffen wir die Flechten, sondern auch auf dem Erdboden, nur nicht im Wasser, obgleich sie sonst die Feuchtigkeit lieben. Die am Boden wachsenden Flechten sehen meist aus wie winzige Sträucher. Eine der wichtigsten ist das Isländische Moos, welches auf der Insel Island weite Strecken bedeckt, aber auch auf den deutschen Gebirgen und Heiden sich häufig findet. Es diente früher als weit gerühmtes Heilmittel bei Lungenkrankheiten und wird vielfach als Speise benützt. Noch wichtiger ist die Renntierflechte. Wir treffen sie in den norddeutschen Mooren und Heiden und in lichten Wäldern, aber in den Polargegenden des Nordens überzieht sie meilenweite Strecken und ist in der rauhen Jahreszeit die einzige Nahrung der Renntiere. Durch sie werden jene Gegenden erst bewohnbar, denn ohne sie kann das Renntier nicht leben, und ohne dieses kann wieder der Mensch in jenen Gegenden nicht bestehen. Nimmt man ein Stück von dem Polster, das die Renntierflechten bilden, vom Boden auf, so glaubt man, einen dichten Zwergenwald zu sehen. Die Renntierflechte gehört zur Gruppe der Becherflechten, die man häufig auf trockenem Heideboden findet. An der Erde breitet sich ein laubartiges Lager aus, welches die eigentliche Pflanze ist, und auf dieser stehen die tüten- oder becherförmigen Fruchtträger, denen die Flechte ihren Namen verdankt. Die Fruchtkörper sitzen in Gestalt kleiner roter Knöpfchen am Rande des Bechers, und nach ihnen heißt man die Pflanze auch Korallenflechte. Schließlich wollen wir noch die Lackmusflechte erwähnen, die an den Felsenküsten wärmerer Meere wächst und neben manchen andern Flechten wertvolle Farbstoffe liefert. Im Haushalte der Natur werden die Flechten noch dadurch wichtig, daß sie öde Gegenden und selbst kahle Felsen besiedeln und den höheren Pflanzen Boden schaffen. — Wenn man die hellgrauen Gestalten der Flechten an den Bäumen oder am Boden sieht, so wird man unwillkürlich an die Pilze erinnert, und tatsächlich besteht zwischen beiden auch eine Verwandt-

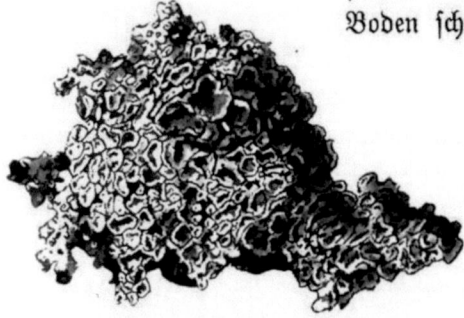

Schüsselflechte. (Nat. Größe.)

Becherflechte. (1½ über nat. Größe.)

schaft. Die Flechte ist eine Art Misch- oder Doppelwesen, welches aus Pilzen besteht, die sich mit niederen, Blattgrün führenden Pflanzen, nämlich Algen, verbunden haben und einen gemeinsamen Haushalt führen, indem die Pilze für die Herbeischaffung der Nährstoffe, also des Wassers und der darin gelösten

Salze, sorgen, und das Blattgrün der Algen diese verarbeitet und genießbar macht. So sind alle Flechten zusammengesetzt, obgleich sie in den verschiedensten Formen auftreten. Sie sind gleich den Pilzen blütenlose Pflanzen.

---

46. Algen.

Haben wir uns bisher fast ausschließlich mit den Landpflanzen beschäftigt, so wollen wir jetzt unsere Aufmerksamkeit auch einmal den Bewohnern des Wassers zuwenden.

Wir folgen einem Bächlein, das aus dem Waldesdunkel hinaustritt ins freie Feld. Es führt nur wenig Wasser, und sein Lauf ist auch nicht reißend, schnell, schäumend und brausend, sondern man hört eigentlich nichts von ihm als hier und da, wo es über Steine hinweg muß, ein leises Murmeln. Es fließt ja durch flaches Land, und deshalb ist sein Gefälle nicht groß. Die Steine auf seinem Grunde sind mit einer grünen Masse, wie mit einem Rasen überzogen. Das sind **Algen** und zwar **Blasenalgen**. Wir nehmen in einem Gefäß einen mit recht dunkelgrünem Überzuge bedeckten Stein mit nach Hause, um die grüne Masse durch das Mikroskop näher zu betrachten. Hier sehen wir nun, daß es lauter bandförmige Fäden sind. Jeder Faden ist mehrfach verzweigt und an den Enden keulenförmig verdickt. In den Fäden sieht man kleine Körperchen von Blattgrün. An jedem keulenförmigen Ende bildet sich eine kleine Zelle, in welcher ein Same oder eine Spore enthalten ist. Diese durchbricht gewöhnlich am Vormittag ihre Zelle und fängt dann an, sich zu drehen und zu wenden, daß man glaubt, nicht einen Pflanzenkeim, sondern ein lebendiges Infusionstierchen vor sich zu haben.

Man nennt diese Samen daher Schwärmsporen. Hat die Spore einen Ansiedlungsplatz gefunden, so umgibt sie sich mit einer Zellhaut, fängt an zu keimen und wächst zu einer neuen Pflanze aus, welche ebenfalls wieder Sporen bildet, die aber nach ihrem Austritt nicht schwärmen und darum Ruhesporen genannt werden. Diese überwintern und bilden im Frühjahre neue Pflanzen. Die Algen können sich auch durch Teilung vermehren.

In unseren Teichen verbinden andere Algen, die **Wasserfäden**, die Pflanzen wie mit einem dichten Gewebe und werden oft zu einer filzigen Masse. Noch andere finden wir als **watteähnliche Klumpen** auf dem Wasserspiegel der Gräben treibend. Auch wenn das **Wasser blüht**, haben wir es mit Algen zu tun. Die vollkommensten Algen sind die im Süßwasser häufigen **Armleuchtergewächse**, die am Grunde oft kleine Wälder bilden. Alle diese Algen heißen **Grünalgen.**

Im Meere treffen wir als einzige Blütenpflanze das Seegras, alle anderen Gewächse sind Algen. Die Grünalgen, welche man im flachen Gewässer des Strandes auf Steinen findet, treten aber nur in wenigen Arten auf und überlassen den **Braun-** oder **Rotalgen** den Vortritt. Die bekannteste von diesen ist der Blasentang, den die Ostseefischer „Steinbusch" nennen. Diese Algen haben nämlich wie alle ihres Geschlechts keine Wurzeln und nehmen ihre Nahrung durch ihre dünne Haut aus dem Wasser auf. Gewöhnlich sitzen

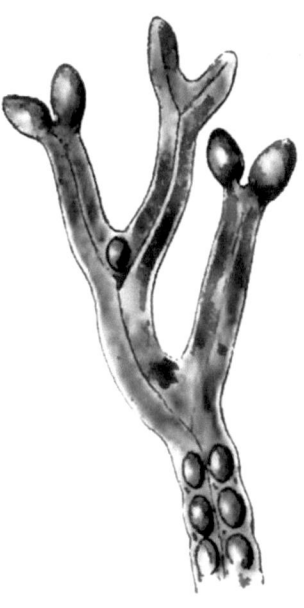

Blasentang. (⅓ nat. Größe.)

die Tange angeheftet an Steinen, und daher kommt die Bezeichnung Steinbusch. Zu den Meeralgen gehört die größte Pflanze, die es gibt. Es ist der bis zu 300 Meter lange Birntang.

Von Stürmen losgerissen bilden Tangmassen oft im Meere ausgedehnte schwimmende Inseln, die man nach dem wissenschaftlichen Namen der Pflanzen „Sargassosee" nennt. Daß dieselben ein Schiff in seinem Laufe aufhalten können, ist eine Fabel.

47. Die Moose.

Vom Meeresstrand an der Ostseebucht steigen wir empor zum herrlichen Buchenwalde, der die Hügel krönt, und strecken uns hin auf schwellende Polster im kühlen Schatten. Über unseren Häuptern wölben sich die Kronen der Waldriesen wie zu einer mächtigen Domkuppel, die getragen wird von den schlanken, schön geformten Säulen. Unter uns vereinigen sich die Zwerge des Waldes, die Moose, zu einem dichten Rasen. Sie wachsen und gedeihen im Schutze der mächtigen Riesen, an deren Stämmen einige Arten auf der dem Regen am meisten ausgesetzten „Wetterseite" sogar emporklettern. Würden die dichten Kronen der Bäume ihnen nicht Schatten spenden, so würden die Moose bald vom Waldboden verschwinden. Aber auch hier heißt es: „Eine Hand wäscht die andere". Die Moospolster saugen wie ein Schwamm das Regenwasser auf und halten die Feuchtigkeit fest und geben dadurch den Baumwurzeln selbst zur Zeit der Dürre zu trinken. Wenn beim Gewitter das Wasser im Wolkenbruch zur Erde rauscht, oder wenn im Frühling auf den Bergen der Schnee schmilzt, so verhindert der Moosrasen, daß das Gewässer zu wilden Gieß-

Die Moose.

bächen gesammelt zu Tal stürzt, die Erde hinwegschwemmt und allerlei Verwüstungen anrichtet. Es hält dasselbe fest und zwingt es, seinen Weg hübsch durch die Erde zu nehmen und die Wurzeln zu tränken und zu ernähren, indem es die im Boden enthaltenen Stoffe auflöst. Hat es diese seine Pflicht getan, so darf es als kristallklare Quelle wieder hervortreten ans Tageslicht und den Tieren des Waldes einen Labetrunk bieten. Zum Bache vereinigen sich dann die Quellen, treiben die Mühlen und verrichten allerlei nützliche Arbeit. Das verdanken wir also den unscheinbaren Moosen, welche die unbändigen Wasser in ruhige Bahnen leiteten. Wie sie aber selbst geschützt werden von den Bäumen, so nehmen sie in ihre eigene schützende Mitte auch wieder die Samen jener auf und bewahren sie vor dem Froste und gewähren auch manchem Tierlein und seiner Nachkommenschaft einen sicheren Unterschlupf zur rauhen Winterzeit.

Wir wandern weiter und kommen auf der andern Seite zum Walde hinaus in ein Heideland, dessen Boden sich schnell senkt und in feuchten Grund übergeht. Hier gedeihen besonders üppig andere dunkelbelaubte Moose und bilden einen lockeren Rasen. Was für Gestalten sind das denn? Es sieht aus, als wäre es eine Zwergenschule von lauter winzigen, flachsköpfigen Mädchen. Sie haben wohl ein ausgelassenes Spiel getrieben, denn sonst pflegt doch die Mutter den kleinen Mägdlein die Haare hübsch zu kämmen und zum zierlichen Zöpfchen zu flechten, diesen aber hängt der blonde Schopf wie ein Strohdach um die Ohren. Wir wollen uns doch so ein Moosfräulein etwas genauer ansehen und ziehen eins aus dem Boden heraus.

Für ein Moos hat es eine recht bedeutende Größe, denn es mißt über 20 Zentimeter. Das untere Ende des Stengels, welches im Erdboden saß, ist mit einem braunen, filzigen Überzuge bedeckt. Derselbe besteht aus feinen Härchen, welche die Stelle der

Wurzeln vertreten, und die wir darum auch Wurzelhaare nennen wollen. Da nun das untere Stengelende fortwährend abstirbt, so rücken diese Haare immer weiter nach oben, und das Moos wächst auf selbstgebildetem Boden höher. Weiter hinauf ist der Stengel mit grünen Blättern bewachsen, die ihn in einer Schrauben= linie umgeben. Über dem belaubten Teile der Pflanze erhebt sich ein borstenförmiger Stiel, der so lang ist wie der kleine Finger. Unten ist er prächtig rot, oben wird er gelb und trägt an seiner Spitze den wunderbaren Haarschopf, welcher der Pflanze den Namen „Goldenes Frauenhaar" eingetragen hat.

Aber was ist das, mein kleines Moosfräulein? Du treibst wohl gar Maskerade oder Mummenschanz? Deine reizenden blonden Locken scheinen mir nicht echt zu sein! Man kann sie ja abnehmen! Mädchen, du trägst ja eine Perücke! Mit leichter Mühe können wir die goldene Haube abheben, und nun kommt eine durch einen Deckel verschlossene Kapsel zum Vorschein, welche die Sporen der Moospflanze in sich birgt, aus denen die neuen Pflänzlein entstehen. So verrichtete das Moosfräulein unter dem Haarschopfe fruchtbringende Arbeit, woran die Buben und Mägdlein sich ein Beispiel nehmen können.

Nun kommen wir hinab zum Moor. Da finden wir in großen Polstern und Flächen das ganz hellgrün gefärbte Torf= moos, das für den Menschen von außerordentlicher Bedeutung ist.

Vor vielen tausend Jahren war das Moor ein klarer See, der von Hügeln umgeben war. Aber die Sonne dörrte das Land, und der Sturm führte den Sand davon und trug ihn in den See, und Regengüsse strömten vom Himmel hernieder und rissen das Erdreich mit sich und führten es von den Hügeln hinunter, und wenn der Schnee schmolz, machten es die Schmelz= wasser ebenso, und der See wurde immer flacher. Dann siedelten sich im seichten Wasser die Wasserpflanzen an, und die grünen

Moose.

1. Goldenes Frauenhaar. 2. Torfmoos.

Algen entstanden aus den Sporen, die der Wind ins Wasser trug, und die Wasserfäden bildeten einen dichten Filz. Als dann im Sommer das Wasser verdunstete, siedelten sich auf der Filzlage die Torfmoose an. Im Winter wuchsen sie nicht weiter, aber sobald der Frühling kam, schickten sie ein dichtes Gewirr neuer Triebe empor. So ging es jahraus, jahrein. Unten starben die Moospflanzen ab und bildeten ein Lager, das immer stärker wurde, und nach oben und nach den Seiten wuchs das Moos weiter, und so wurde mit der Zeit aus dem See ein Torfmoor. Auch andere Pflanzen des Moores bilden Torf, aber der Hauptanteil fällt doch dem Torfmoose zu. Wird so ein Moor z. B. bei Überschwemmungen von Erde überdeckt, so wandelt sich der Torf im Laufe der Jahrtausende in **Braunkohle** um.

An Baumwurzeln, alten Zweigen und auf Steinen finden wir in stehenden und fließenden Gewässern das schöne Quellmoos, das gleich seinen vorhin genannten Genossen zu den **Laubmoosen** gehört. Eine andere Gruppe der Moose, welche vorzugsweise im und am Wasser wächst, nennt man **Lebermoos**, weil man es früher als Heilmittel gegen Leberkrankheiten benutzte.

48. Farne und Schachtelhalme.

Von den am höchsten stehenden blütenlosen Pflanzen, den **Farnen**, sind nur wenige und ganz kleine Arten Wasserbewohner. Dort aber am Abhange des Hügels ist ein ganzer Wald von Adlerfarnen. Diese Pflanze ist der Riese unter den deutschen Farnkräutern, denn die aus dem unterirdischen Stamme oder Wurzelstock emporstrebenden Blattstiele werden über 2 Meter lang. Woher kommt denn die Bezeichnung Adlerfarn? Schneidet man den Stiel unten an seinem schwarzen Ende quer durch, so sieht man eine Zeichnung, in welcher die Engländer eine Eiche, wir in Deutschland aber einen Doppeladler erkennen wollen. Wir können dieses Bild an jedem Querschnitte wiederfinden, nur wird es nach obenhin undeutlicher. Es entsteht durch die Anordnung der **Gefäßbündel**. Was sind Gefäßbündel?

Betrachten wir das Blatt einer Blütenpflanze, etwa ein Lindenblatt, so sehen wir, daß es von Adern oder, wie man auch sagt, von Nerven durchzogen ist. Wie man nun die Adern in unserem eigenen Körper Blutgefäße nennt, so bezeichnet man auch die Nerven im Blatt als Gefäße, denn es sind Röhren, gerade wie unsere Adern. Die Nerven des Lindenblattes münden alle hinein in den Mittelnerv, der seine Fortsetzung im Blattstiele findet und durch diesen in den Zweig und weiter in den Stamm und bis in die Wurzel geht, wo er seinen Ursprung nimmt. Beim Adlerfarn können wir das mit dem bloßen Auge sehr deutlich verfolgen. Wir brauchen nur einen Blattstiel aus der Erde zu reißen und den schwarzen Teil quer zu durchschneiden, dann sehen wir auf dem Querschnitt in dem dunkelbraunen Adler weißliche Flecke. Schneiden oder brechen wir nun das untere schwarze Ende der Länge nach entzwei, so sehen wir, daß die weißen Flecke die Schnittflächen von derben weißlichen Fäden sind, die in den Wurzelstock hineingehen, etwa wie man aus dem abgeschnittenen Fuß einer Gans oder Ente, wenn Mutter einen Braten aufsetzen will, die weißen Sehnenbänder hervorgucken sieht. Man muß nun aber nicht denken, daß die genannten Fäden im Adlerfarn einfache Röhren sind, wie unsere Adern, oder wie die Gas- oder Wasserleitungsröhren, sondern es laufen in ihnen und von ihnen umschlossen viele feine Gefäße nebeneinander her, wie etwa Streichhölzer in einer Hülse, oder wie man Strohhalme mit einem Band zu einem Bunde vereinigt, und darum

Farne und Schachtelhalme.
I. Adlerfarn. II. Schachtelhalme. III Bärlapp. IV. Schema eines Gefäßbündelsystems.

Farne und Schachtelhalme.

nennt man auch die Fäden Gefäßbündel. Man findet sie bei allen Blütenpflanzen, aber unter den blütenlosen Gewächsen nur bei den Farnen und deren Verwandten, die also mit den Blütenpflanzen zusammen die Gruppe der **Gefäßpflanzen** bilden und darum unter den blütenlosen Pflanzen die höchste Stelle einnehmen.

Die bei uns wachsenden Farne haben alle einen unterirdischen Stamm. Doch in Australien gibt es auch baumförmige Farne. Aber auch sie sind nur noch zwerghafte Überbleibsel von den riesenhaften Baumfarnen früherer Schöpfungsperioden, die Millionen von Jahren hinter uns zurückliegen.

Gleich den Farnen sind auch die **Schachtelhalme** Gefäßpflanzen. Man findet sie im Sumpf, auf der Wiese und auf dem Acker, wo sie als lästiges Unkraut auftreten. Ihr Stengel und ihre Blätter sind gegliedert, und jedes Glied steckt in dem unteren wie in einer Schachtel. Die Frühjahrstriebe des Acker-Schachtelhalmes sind blaßrotbraun. Ihr Stengel ist unverzweigt und blattlos, und trägt oben einen kegelförmigen Fruchtstand, die Sporenähre.

Den Farnen und Schachtelhalmen nahe verwandt sind die **Bärlappgewächse,** zu denen das bekannte Schlangenmoos gehört, dessen Stengel über den Moorboden schlangenartig dahinkriecht.

Zu den **Gefäßsporenpflanzen** gehören also drei Klassen: Farne, Schachtelhalme und Bärlappgewächse. Sie alle sind für den menschlichen Haushalt von großer Wichtigkeit, denn aus ihren Überresten besteht die Steinkohle. — Vor Millionen von Jahren herrschte auch in unserer Heimat ein heißes und dabei feuchtes Klima. Ungeheuere Landstrecken bestanden aus Mooren und Sümpfen und waren bedeckt von mächtigen Urwäldern mit turmhohen Baumriesen. Dann brachen Meeresfluten herein und stürzten die Wälder um, oder furchtbare Orkane warfen die Bäume übereinander; die Flüsse schwemmten sie fort, bis sie sich irgendwo stauten und in Haufen liegen blieben. Die Wasser bedeckten sie mit Sand und Schlamm, und so entstand die Steinkohle auf dieselbe Weise wie die Braunkohle, nur daß diese jünger ist als jene. Die Form der Pflanzen, aus denen sie sich bildete, blieb aber erhalten und ist häufig in größeren Kohlenstücken zu sehen, und daher weiß man, daß jene Baumriesen Farne, Schachtelhalme und Bärlappgewächse waren.

Vierter Abschnitt:

Sonderlinge unter den Pflanzen.

---

49. Der Wurmfarn, eine Schattenpflanze.

Da sahen wir im vorigen Sommer am Ufer eines Baches unter dem überhängenden Gebüsch und nachher wieder im Walde eine Anzahl **Wurmfarne.** Das sind gar prächtige Pflanzen. Die schön geformten, zarten Blätter oder Wedel haben große, gefiederte Blattflächen, die eine Zierde für jeden Garten und jedes Gewächshaus sein können und einen Vergleich mit fremdländischen Palmen und andern Blattgewächsen nicht zu fürchten brauchen.

Auf der Unterseite der Fiederchen finden wir vom schützenden „Schleier", einem dünnen Häutchen, die Fruchthäufchen bedeckt, welche die Sporen enthalten. Werden solche Sporen ausgesät in feuchte Walderde, so fangen sie bald an zu keimen, und aus dem „Keimschlauche" entsteht ein herzförmiges auf der Spitze stehendes und hier mit Wurzelhaaren im Boden befestigtes Blatt, der „Vorkeim". Dieser hat verschiedene, den Blüten der höheren Pflanzen entsprechende Organe. Aus einer Art derselben gehen Schwärmsporen hervor, wie wir sie ähnlich schon bei den Algen kennen gelernt haben. Diese Schwärmer bewegen sich im Regenwasser oder im Tau auf dem befruchteten Blatte vorwärts, bis sie ein offenes flaschenförmiges Gebilde treffen, das einen Schleim absondert. In diesen Schleim wandern sie hinein und gelangen auf den Grund der Flasche, und damit ist die Befruchtung vollzogen. Das ist ein ähnlicher Vorgang wie die

Bestäubung der Blütenpflanzen. Die Schwärmsporen ent=
sprechen dem Blütenstaub und die Schleimfläschchen
den Stempelblüten. Aus einer solchen befruchteten „Flasche"
geht dann später ein junges Farnkraut hervor. — Das ist ja
ein sonderbarer Vorgang, der uns beinahe an die Verwandlung
eines Schmetterlings erinnern könnte, denn wie die Raupe mit
dem Falter nicht die geringste Ähnlichkeit hat, so ist auch der
Vorkeim von dem Farnkraute ganz verschieden.

So ein hübsches und dabei interessantes Gewächs sollte nicht
draußen im Walde unbeachtet stehen bleiben. Wir gruben es
also aus, um es mit nach Hause zu nehmen und in den Garten
zu setzen. Dabei sahen wir, daß es einen starken unterirdischen
Stamm hat, der unten von einem filzigen Gewirr brauner
Wurzeln, oben von den Resten abgestorbener Blätter umgeben ist.
Fröhlich gingen wir mit unserer Beute davon, aber bald sahen
wir zu unserem großen Leidwesen, wie die zarten, schönen
Fiederwedel anfingen zu welken und schließlich war die
Pflanze in einem so trostlosen Zustande, daß wir sie verdrießlich
wegwarfen.

Das sollte uns nicht wieder passieren. Wir gingen im
Frühling abermals hinaus und fanden bald die Stauden des
Wurmfarnes. Die jungen Triebe kamen eben hervor. Sie waren
schneckenförmig aufgerollt und mit seidenartig glän=
zenden Schuppenblättern zum Schutz gegen den rauhen
Wind bedeckt. Das sah allerliebst aus. Wir gruben eine Pflanze
aus und umhüllten den Wurzelstock mit feuchtem Moos, packten
das Ganze sorgfältig ein und wanderten nach Hause und in den
Garten. Dort war schon in der Mitte eines runden Beetes
ein Platz ausgesucht worden, der schönste und sonnigste im ganzen
Garten. Hier sollte sich unser Liebling ausbreiten und alle Be=
sucher erfreuen.

Der Wurmfarn, eine Schattenpflanze.

Welch eine Enttäuschung! Die Wedel entwickelten sich zwar, aber sie zeigten nicht ihr schönes dunkles Grün, sondern bekamen eine gelbliche, kränkliche Färbung. Die jungen Triebe kamen überhaupt nicht dazu, sich auszubreiten und starben vorher ab. Wir waren ganz untröstlich und befragten den Gärtner. Der lächelte und sagte: „Der Wurmfarn ist eine **Schattenpflanze,** er hätte an einer feuchten Stelle unter dem Gebüsch eingesetzt werden müssen. Dort hätte er sich dankbar erwiesen, aber hier, wo er schutzlos dem grellen Sonnenlicht preisgegeben ist, muß er krank werden und absterben."

Nun wußten wir, was wir verkehrt gemacht hatten, und wenn wir wieder Wurmfarne oder Buschwindröschen oder andere Schattenpflanzen in unseren Garten bringen wollen, so werden wir sie einsetzen unter dem Schatten und Schutz spendenden Buschwerk. Dann werden wir gewiß unsere Freude an ihnen haben.

Warum heißt die Pflanze aber Wurmfarn? Weil der Apotheker aus ihrem Wurzelstock eine Medizin macht, die den häßlichen und sehr lästigen Bandwurm vertreibt.

50. Ein Mückengefängnis.

In den Blumenläden der großen Städte und in manchen Häusern sieht man als Zimmerpflanze die prächtige afrikanische „Kalla". Sie ist ein Sumpfgewächs und hat große pfeilförmige Blätter. Zwischen ihnen steht ein hoher Schaft mit einer großen, milchweißen, tütenförmigen Blütenhülle, aus deren Mitte sich als Blütenstand ein fingerförmiger goldgelber Kolben erhebt. Diese vornehme Ausländerin hat bei uns eine unschein=

(⁸/₄ nat. Größe.)   Aronstab.   (¹/₄ nat. Größe.)

bare Verwandte, die in schattigen Laubwäldern an feuchten Orten wächst und ebenfalls pfeilförmige, aber braun gefleckte Blätter hat, die bei ihrem Hervorbrechen aus der Erde den Spitzkeimer erkennen lassen. Die Tiere des Waldes, die Hirsche und Rehe und die Häslein verschmähen die schönen, saftigen Blätter, und ebenso machen es die Weidetiere, Kühe, Schafe und

Ziegen, die zuweilen in den Wald getrieben werden. Nicht einmal die gefräßigen Schnecken wollen davon kosten, denn auf den anfangs süßen Geschmack der Blätter folgt im Munde ein sehr schmerzhaftes Brennen.

Schon im Vorfrühling sprießt unser Gewächs aus der Erde hervor, denn es hat dort unten als Speisekammer einen dicken, knolligen Wurzelstock, aus dem es sich ernährt. Die Blüte ist wie bei der Afrikanerin von einem großen tütenförmigen Hüllblatte umgeben. Aber diese Hülle ist unscheinbar grünlichweiß und an einer Stelle eingeschnürt, so daß sie aus zwei Abteilungen besteht, der oberen offenen Tüte und dem unteren kellerartigen Raum. Aus der Tiefe dieses Kellers ragt wie bei der Kalla ein kolbenförmiger Blütenstand hervor, der oben violett gefärbt ist. Folgen wir ihm nach unten, so kommen wir da, wo das Hüllblatt seine Einschnürung hat, an die Gittertür des Kellers. Hier trägt nämlich der Kolben einen Kranz von steifen Borstenhaaren, welche wie die Drähte an den Schlupflöchern der Drahtmausefallen wohl den Eingang gestatten, aber den Austritt verwehren. In dem Kellergewölbe trägt der Kolben unterhalb der Sperrhaare rundherum eine Menge Staubblätter und ist unter diesen von vielen Stempelblüten umgeben. Der Kolben ist also ein Blütenstand. Die Stempel entwickeln sich aber früher als die Staubblätter, darum ist die Pflanze, welche wegen der Form ihres Blütenkolbens nach dem Stab des ersten Hohenpriesters „Aronstab" genannt wird, auf Insektenbesuch angewiesen.

Ihren Besuchern macht sich die Pflanze bemerkbar durch die Farbe der Blütenhülle und des Kolbens, auch verbreitet sie einen für unsere Nasen abscheulichen Geruch, der aber jenen Tieren wohl angenehm sein mag. Außerdem dringt aus dem Kelleroche ein warmer Dunst hervor, der zum Besuch des be=

haglich durchwärmten Gaſtzimmers einlädt, in dem es einen guten Tropfen Honig gibt und einen Imbiß von Blütenſtaub.

Die Gäſte ſind Mücken. Ihnen bietet der Kolben eine bequeme Gelegenheit zum Anflug. Sie folgen der lockenden Wärme und dem vielverſprechenden Dufte und kriechen durch die Gittertür hinein in den Keller. Hier naſchen ſie ein wenig von dem Honig und wollen dann als fliegende Kundſchaft ſich auf und davon machen. Da heißt es aber: „Halt, ihr Freundchen, wer eſſen will, ſoll auch dafür arbeiten!" Das Gitter läßt ſie nicht durch. Sie ſitzen im Gefängnis und müſſen warten, bis die Staubblätter reif ſind. Dann ſchütten dieſe eine gehörige Ladung Blütenſtaub durch den ganzen Kellerraum, und die Mücken werden über und über damit bepudert. „So," meint der Aronſtab jetzt, „nun ſeid ihr frei, bringt dieſen Staub einem meiner Brüder!" Die Mücken heben alſo ihre Flügel auf und ziehen fort, denn die Sperrhaare ſind jetzt verwelkt. Bei der nächſten Blüte können die leichtlebigen Leutchen der Verſuchung nicht widerſtehen. Sie kriechen wieder hinein in den

Aronſtab, geöffnete Blüte im Längsſchnitt. (Etwas über nat. Größe.)

warmen Keller und vollziehen, indem sie auf den Stempeln umherlaufen, die Bestäubung und müssen wieder warten, bis auch in dieser Blume ihnen eine neue Bürde Blütenstaub aufgepackt wird.

In manchen Gegenden heißt der Aronstab auch „Zehrwurz", weil man seinen knolligen Wurzelstock, nachdem dessen Gift durch Kochen entfernt ist, essen kann.

Die Pflanze ist ein Beispiel dafür, auf welch eigentümliche Weise sich die Gewächse Insekten dienstbar zu machen wissen.

51. Der Mauerpfeffer.

Wir verlassen den Schatten des Waldes und wandern über ein Heideland. Der Boden ist hier nur mager, aber er ist noch nicht der schlechteste. Stellenweise macht das Heidekraut andern Gewächsen Platz und manchmal kommen sogar bloße Sandflächen zum Vorschein. Wir merken, daß wir immer mehr in die Öde hineinkommen. Die Pflanzen, denen wir auf unserem Wege begegnen, wenden allerlei Mittel an, sich gegen die Strahlen der Sonne und den austrocknenden Wind zu schützen, damit diese ihnen nicht das bißchen Feuchtigkeit entziehen, was sie mit Mühe und Not dem Sandboden abgewonnen haben. Einige, wie z. B. das Ruhrkraut und das Habichtskraut, welche Korbblütler sind, und deren Blütenstand mit dem des Löwenzahns Ähnlichkeit hat, tragen einen Pelz von dichten, filzigen Haaren; andere haben nur spärliche und dabei winzige Blätter, wie Steinklee, Besenstrauch, Schafgarbe, Beifuß; noch andere schmiegen sich dicht dem Erdboden an, wie Vogelknöterich und Thymian. Da treffen wir aber zwischen all diesen Pflanzen, deren Äußeres uns zeigt, daß sie arme Leute und aufs Sparen angewiesen sind, einen sonderbaren Gesellen. Von der Höhe des sandigen Abhanges, an dessen Fuß entlang der Feldweg nach einem einsamen Gehöft, dem sogenannten „Einödshofe" hinführt, sehen wir eine Menge prächtig gelber Blütensterne herableuchten, und als wir an die Mauer kommen, welche den Bauernhof nach der Wegseite hin begrenzt, lachen sie uns sogar aus den Spalten und Rissen des alten verfallenen Gemäuers entgegen. Es sind die Blüten des Mauerpfeffers. Der ist doch entschieden eine Ödungspflanze, denn schlechteren Boden konnte er sich wohl kaum aussuchen. Was uns aber wundernimmt, das sind die dicken, saftstrotzenden Blätter, die allen unseren schönen Beobachtungen von vorhin hohn zu sprechen scheinen. Den Burschen müssen wir uns doch genauer ansehen, und da er hübsche Blüten hat, wollen wir eine Anzahl für die Blumenvase mit nach Hause nehmen. Also wandert ein ganzes Büschel in die Botanisierbüchse.

Zu Hause werden die mitgebrachten Blumen zum Strauße geordnet: das gelbe Habichtskraut und die blauen Glockenblumen, die Ginsterblüten und die roten Steinnelken. Aber der Mauerpfeffer will nicht dazwischen passen, denn seine Stengel sind zu kurz. So stellen wir also die Vase mit den langstieligen Blumen vors Fenster, und den ganzen Wust des Mauerpfeffers werfen wir einstweilen in eine Schale und stellen diese zu der Vase

Der Mauerpfeffer. (Nat. Größe.)

hin, denn die Mutter ruft zum Essen, und sie wird böse, wenn wir sie warten lassen. Nachmittags kommt Besuch, und so können wir erst am andern Morgen nach unseren Blumen sehen. O weh, wir hatten in der Eile vergessen, ihnen Wasser zu geben, nun sind sie alle hin und müssen weggeworfen werden. Doch was sehen wir: der Mauerpfeffer ist nicht verwelkt, seine Blüten= sterne leuchten so freundlich im Sonnenschein, und es haben sich sogar Knospen geöffnet, die gestern noch geschlossen waren. Das ist doch sonderbar! Eigentlich sollte man probieren, wie lange er es ohne Wasser aushalten kann. Wir setzen also die Schale wieder ins Fenster und überlassen den Mauerpfeffer seinem Schicksal. Ab und zu sehen wir nach ihm, bis schließlich eine ganze Woche vergangen ist. Die Pflanzen sind auch nun noch frisch und blühen lustig weiter. Wie haben wir uns das zu erklären?

Das ganze Geheimnis liegt im Bau der Blätter. Sie sind klein und bieten Sonne und Wind wie die andern Odungs= pflanzen nur eine geringe Oberfläche. Dabei liegen sie dem Stengel dicht an und decken sich teilweise gegenseitig. Sie sind dick und fleischig und dienen als Feuchtigkeitsbehälter und Wasser= speicher. Sobald Regen fällt oder der Tau sich nachts hernieder= senkt, beeilen sich die dünnen Wurzeln, möglichst viel und mög= lichst schnell Wasser aufzunehmen und den Blättern zuzuführen. Schneiden wir ein solches Blatt durch, so merken wir, daß der Saft sich in langen, zähen Schleimfäden ausziehen läßt, und schleimige Massen geben das Wasser nur langsam ab. Dann bemerken wir ferner, daß die Haut der Blätter sehr dick ist, und mit einem Vergrößerungsglase erkennen wir, daß dieselbe nur wenige Poren hat. Also kann vom Wasser nicht viel ver= dunsten und es wird von den Blättern nur an die inneren Teile der Pflanze zu ihrer Ernährung abgegeben.

Der Wasserhahnenfuß.

Da wird es gewiß eine Freude für die Häslein sein, wenn sie in dem öden Gefilde zwischen all den trockenen Kräutern auf einmal so einen saftigen Bissen finden. O nein, die Pflanze heißt nicht umsonst Mauer-Pfeffer, brecht nur ein Blatt durch und haltet es an die Zungenspitze, so werdet ihr bald merken, wie das Kräutlein sich vor den Pflanzenfressern zu schützen weiß.

---

52. Der Wasserhahnenfuß.

Unsere kleinen Fische im Aquarium hatten nichts zu fressen. Also gingen wir hinaus an den Teich und fingen Wasserflöhe als Futter für sie. Dabei sahen wir, daß der Wasserspiegel zum großen Teile bedeckt war von pfenniggroßen, grünen, nierenförmigen Blättern, zwischen denen die Stiele von unzähligen hübschen weißen Blüten mit gelben Staubblättern hervorragten. An dem Bau dieser Blüten erkannten wir sofort, daß wir

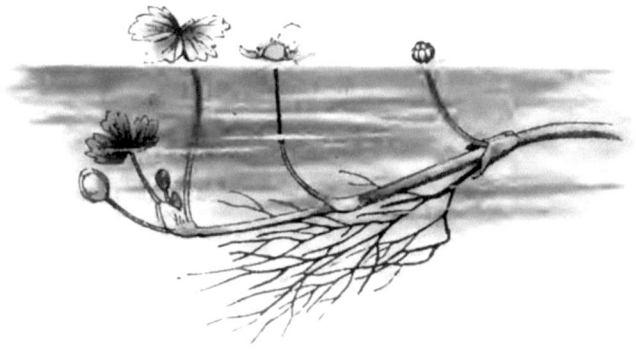

Blühender Wasserhahnenfuß. (³/₄ nat. Größe.)

es mit einem Hahnenfußgewächs (siehe Seite 48 „Hahnenfußgewächse") zu tun hatten; die Pflanze, der sie angehörten, war nämlich der Wasserhahnenfuß.

Wir beschlossen nun, einige Exemplare davon mit nach Hause zu nehmen, um sie in unser Aquarium zu setzen, und holten mit dem Netze eine Anzahl heraus. Das war nicht so leicht, denn viele von ihnen wichen demselben aus, und die schönen Blüten wurden unter Wasser gezogen und verdorben. Von denen aber, die wir glücklich aufs trockene brachten, waren die meisten mitten durchgerissen und nur ganz wenige dieser Pflanzen hatten noch Wurzeln. Dieselben dienten ihnen als Anker in dem Schlammgrunde des Teiches, und wir hatten ja erfahren, wie fest sie hielten. Daß sie nur diesen Zweck hatten und keinen andern, also vor allen Dingen nicht den, der Pflanze Nährstoffe zuzuführen, sahen wir später im Aquarium, denn die abgerissenen Stücke grünten und blühten ruhig weiter, sie waren also imstande, auch ohne Wurzeln die Nahrung direkt dem Wasser zu entnehmen.

Als die Pflanzen aufs Land gebracht wurden, blieben die Stengel nicht wie diejenigen der Blumen, die man zum Strauß pflückt, steif und aufrecht stehen, sondern sie fielen kraftlos hin, obgleich sie im Wasser sich so schön hielten. Welk konnten sie doch in so kurzer Zeit nicht geworden sein, wie war also die Erscheinung zu erklären? Ganz einfach! Die Stengel führen Luftgänge, die sie leicht machen, so daß sie vom Wasser getragen werden. Würden die Wurzeln sie nicht am Grunde festhalten, so würden sie auf der Oberfläche des Teiches treiben. Nimmt man sie aber aus dem Wasser heraus, so merkt man gleich, daß sie zu lang und zu zart gebaut sind, um sich ohne Hilfe halten zu können.

Am meisten müssen wir uns aber über die Blätter wundern.

Der Wasserhahnenfuß.

Wenn man einen Haufen Pflanzen vom Wasserhahnenfuß am Ufer liegen sieht, so sollte man auf den ersten Blick meinen, man hätte zwei verschiedene Gewächse vor sich, so unähnlich sind die Blätter an einem und demselben Exemplar. Die untergetauchten Stengelblätter sind nämlich vielspaltig und borstenförmig zerteilt und bieten dem Wasser keinen Widerstand. Das ist aber für die Pflanze sehr wertvoll, denn sie wächst auch im fließenden Wasser, und die Strömung würde sie ausreißen und davonführen, wenn sie an den Blättern einen Angriffspunkt fände. Die Schwimmblätter sind ganz anders geformt. Sie haben breite Blattflächen, die auf der Oberfläche des Wassers ruhen. Ihre Aufgabe ist eine ganz andere, als die der untergetauchten Blätter, denen die Ernährung der Pflanze obliegt. Sie sollen die Blütenstiele emporhalten und durch ihre breite Fläche verhindern, daß Wind und Wellen sie unter Wasser tauchen, denn wenn sie naß werden, wird der Blütenstaub verdorben, und es kann keine Befruchtung stattfinden.

Wo waren aber die Schwimmblätter im Winter und in den ersten Frühlingsmonaten? Wir sahen sie damals nicht auf dem Teiche. Das ist ganz richtig! Im Herbst opfert der Wasserhahnenfuß seine Schwimmblätter, denn sein Same ist reif und bereits ausgesät. Die Blätter haben also ihre Aufgabe erfüllt, haben keinen Zweck mehr für die Pflanze und werden aufgegeben wie das Laub der Bäume. Die untergetauchten Blätter aber bleiben, und in der schützenden Tiefe des Wassers lebt der Hahnenfuß auch während des Winters weiter und schickt, wenn die warme Jahreszeit eintritt, wieder neue Schwimmblätter als Blütenstützen an die Oberfläche des Teiches.

Wenn aber die Gewässer austrocknen, so weiß sich der Wasserhahnenfuß auch diesen Verhältnissen anzupassen. Er treibt dann kurze, aufrecht stehende Stengel mit kleinen, zwar auch zerteilten, aber steifen Blättern. Wird so ein Gewächs, ehe das Wasser wieder gestiegen ist, vom Frost überrascht, so wird es von demselben getötet.

53. Der Efeu.

Es gibt viele Pflanzen, deren Stämme und Stengel zu schwach sind, um das Gewicht der Zweige, Blätter, Blüten und Früchte tragen zu können. Zu diesen gehört auch der Efeu. Er ist daher gezwungen, auf dem Erdboden entlang zu kriechen. Wir finden ihn auf lockerem und nicht zu schlechtem Boden an schattigen Stellen, also vorzugsweise im Laubwalde. Daraus dürfen wir aber keineswegs den Schluß ziehen, daß wir es mit einer Schattenpflanze zu tun haben, sondern der Efeu ist im Gegenteil lichtliebend.

Wie haben wir uns diesen scheinbaren Widerspruch zu erklären? Zunächst wollen wir beweisen, daß die Pflanze kein Schattengewächs ist. Am Wurmfarn haben wir gesehen, daß die Schattenpflanzen zarte Blätter haben, die in der Hand sehr schnell welken. Der Efeu hat aber starke, fast lederartige Blätter, die sich nach dem Abbrechen sehr lange frisch erhalten. Wir haben ferner erfahren, daß der Wurmfarn als echter Schattenbewohner anfing zu kränkeln und schließlich starb, als wir ihn in das sonnenbestrahlte Beet setzten. Pflanzen wir aber den Efeu in den Garten, so breitet er sich mächtig aus. Er überzieht auch die Wände der Gebäude und das Mauerwerk von Ruinen und gedeiht also prächtig im hellen Sonnenlicht. Warum siedelt er sich dann aber im schattigen Walde oder im Gebüsch am Erdwalle und nicht mitten auf dem freien Felde an, wo die Sonnenstrahlen ihn doch

Der Efeu.

Zweige von Efeu mit verschiedenen Blättern.

besser treffen können? Das kommt eben von seinem schwachen Stamme, der am Erdboden bleiben muß, weil er sich nicht wie die Gräser und Kräuter erheben kann. Würde der Efeu also auf freiem Felde sich ansiedeln, so würden die andern Pflanzen, die dort wachsen, ihn schnell überwuchern und zum Absterben bringen. Unter dem Gebüsch und im Walde ist er vor ihnen sicher, denn dort ist es ihnen zu dunkel. Er aber nutzt jeden Fleck aus und stellt seine schönen zackigen Blätter so, daß keins das andere beschattet, und meistens passen dabei die Zacken eines Blattes hinein in die Ausbuchtungen der benachbarten. Belauben sich dann die Bäume und Sträucher, so muß er sich mit weniger Licht behelfen, aber der Sommer ist kurz, und wenn der Herbst kommt und mit ihm der Laubfall, und wenn im Winter die Bäume kahl sind, so erfreut sich der Efeu des schönsten Lichtes und nutzt es aus, denn seine Blätter sind winterhart, er ist eine immergrüne Pflanze. Den Nadelwald meidet er aber, denn auch die Nadelhölzer behalten ihre Blätter und würden ihm also auch im Winter das Licht nehmen.

Trifft nun der am Boden kriechende Efeu bei seinem Wachstum einen der alten Waldriesen mit der rauhen Rinde, so klammert er sich an ihm fest und klettert an ihm empor zum Licht, das er so sehr liebt. Auf der Unterseite seiner Zweige treibt er eine Menge kurzer, platter Wurzeln, mit denen er sich festklammert. Diese Wurzeln tun dem Baume nichts, sie entziehen ihm keine Nahrung, ebensowenig wie sie dem Mauerwerk Säfte entziehen können. Es sind Luft= oder Kletterwurzeln. Die Saugwurzeln sitzen in der Erde und finden in dem lockeren, fruchtbaren Waldboden Nahrung genug für die ganze Pflanze. Der Efeu ist also nur ein Scheinschmarotzer.

Hoch oben im Licht und an freiem Mauerwerk, auch weiter unten treibt die alte Efeupflanze ihre Blütenzweige. Diese sehen ganz anders aus als die andern Triebe. Sie sind kräftiger gebaut, brauchen sich nicht festzuhalten und ragen frei in die Luft hinaus. Ihr Laub hat nicht die schöne, zackige Form, sondern die Blätter sind länglich oval, ungelappt und haben nur vorn eine Spitze. Die weißlichen Blüten sind zu einem doldenartigen Stande geordnet. Sie strömen einen fauligen Geruch aus, der Fliegen anlockt, welche die Bestäubung besorgen. Die Früchte sind schwarze Beeren, die von Vögeln verbreitet werden, für Menschen aber giftig sind.

54. Orchideen, Urwaldbewohner und Überpflanzen.

Die Kinder einer Familie wählen nicht alle denselben Beruf und wohnen nicht immer an demselben Orte. Der eine Sohn ist vielleicht ein Landmann und wohnt in einem Dorfe, sein Bruder ist ein Förster und wohnt im Walde, und ein anderer Bruder ist ein Seemann und wohnt in einer Hafenstadt.

1. Fleckenorchis. (Nat. Größe.) 2. Orchidee als Überpflanze. (1/4 nat. Größe.)

Ähnlich ist es bei den Angehörigen der Pflanzenfamilien. Da treffen wir z. B. als Frühlingsblume auf feuchten Wiesen das **gefleckte Knabenkraut** mit seinen roten Blüten und den braungefleckten, tulpenähnlichen Blättern, deren parallel laufende Nerven den Spitzkeimer erkennen lassen. Die Gelehrten nennen die Pflanze »Orchis« und zwar **Fleckenorchis** und darum heißen alle Pflanzen, die zur Familie der Knabenkräuter gehören, Orchideen. Sie finden sich nicht nur in unserem Vaterlande, sondern auch in fremden Weltteilen. Auch ihr Standort ist verschieden. Sie wachsen auf Wiesen und Triften, auf trockenem Sandboden, wie im Sumpfe, im hellen Sonnenschein und im tiefen Schatten. Die schönste von ihnen in unserer Heimat ist der auf kalkigem Boden in schattigen Wäldern wachsende „Frauenschuh" mit gelben, rot punktierten Blüten. Gegen die Pracht der fremdländischen Orchideen kann er freilich nicht aufkommen. Diese sind meistens **Urwaldbewohner.** Die hohe Wärme und die Feuchtigkeit, welche dort herrschen, bringen die schönsten und wunderbarsten Formen hervor. Aber im Urwald ist es dunkel, und die Pflanzen mit den prächtigen Blüten streben doch zum Licht. Die Orchideen wissen sich zu helfen. Sie siedeln sich oben auf den Ästen und Zweigen der mächtigen Bäume an und genießen hier das Sonnenlicht. Mit ihren Wurzeln halten sie sich fest in den Rissen der Rinde und nähren sich vom Staube, der sich dort ablagert, vom Regen und vom Tau. Dabei machen sie es wie die dickblättrigen Gewächse unserer Heimat, indem sie jeden Wassertropfen in ihrem Stamme aufspeichern zum Vorrat für die Zeit der Dürre. Man bezeichnet sie, weil sie oben in luftiger Höhe auf den Bäumen sitzen, als „**Überpflanzen**". Zu den Orchideen gehört auch die Vanille, die, wie bei uns der Efeu, in den Wäldern Mexikos an den Baumstämmen emporklettert. Ihre Blüten sind im Gegensatz zu den farbenprächtigen Verwandten nur unscheinbar gelbgrün, aber ihre unreifen, schotenförmigen Samenkapseln liefern uns das köstliche Gewürz, das man der Schokolade und dem Tee hinzusetzt und ihnen dadurch einen bessern Geschmack und ein wunderbares Aroma gibt. Deshalb ist die Pflanze ein sehr begehrter Handelsartikel geworden und wird gegenwärtig in fast allen heißen Ländern angebaut.

55. Die Mistel.

Wollen wir sehen, wie Pflanzen oben auf den Ästen der Bäume wohnen, so haben wir nicht nötig, in die Urwälder der heißen Zone zu reisen, sondern wir finden dergleichen auch im deutschen Vaterlande, denn auf Pappeln, Weiden, Apfel- und Birnbäumen, auch auf Eichen und andern Laubbäumen, sowie auf Nadelhölzern wächst die Mistel.

Dieser kleine Strauch spielt in den Göttersagen der alten germanischen Völker und der Kelten eine große Rolle. Baldur, der Gott des Frühlings und des Lichtes, träumte einst, seinem Leben drohe Gefahr. Darüber gerieten die Götter in große Sorgen und hielten einen Rat, was zu tun sei, um ihren Liebling zu schützen. Endlich wurde beschlossen, allen lebenden Wesen, auch dem Feuer und den Pflanzen einen Eid abzunehmen, daß sie Baldur nicht schaden wollten, und seine Mutter, Frigga, unterzog sich dieser Arbeit. Als sie zurückkehrte, feierten die Götter aus Freude über ihren Erfolg ein großes Fest, bei dem sie ein Kampfspiel anstellten und mit stumpfen und scharfen Waffen nach Baldur warfen und sich freuten, daß er unverwundbar war. Da kam ein altes Weib vorbei und fragte Frigga nach der Ursache der Freude, und diese erzählte. „Zu allen Wesen bin ich natürlich nicht gegangen," sagte sie zum Schluß, „denn z. B. die kleine Mistel, die auf der Eiche am Tore Walhallas wächst, ist doch zu unbedeutend, um Schaden anrichten zu können." Das Weib ging und begab sich auf Umwegen nach der Eiche. Als die Götter es nicht mehr sehen konnten, warf es die Vermummung ab und zeigte sich in seiner wahren Gestalt: es war der böse Gott Loki. Er schnitt einen Mistelzweig ab und fertigte einen Pfeil davon, dann ging er zurück nach dem Festplatze und machte sich an Hödur, Baldurs blinden Bruder. Der stand betrübt abseits, weil er sich nicht am Spiel beteiligen konnte. „Willst du denn nicht auch einmal schießen?" fragte ihn Loki. „Ach," antwortete Hödur, „ich bin ja blind und kann nicht einmal sehen, wo Baldur steht." Loki aber drückte ihm den Pfeil in die Hand und flüsterte: „Schieß nur, ich will dir schon die Richtung angeben." Im nächsten Augenblick war die Untat vollbracht, Baldur lag tot am Boden, aber Loki war verschwunden.

Die sonderbare Erscheinung der Mistel, mit ihren eigentümlichen Zweiggabeln, in denen die weißen Beeren sitzen, und die beiden „verdrehten", immergrünen Blätter am Ende eines jeden Zweiges, die im Winter in den kahlen Baumkronen so auffällig hervortreten, haben wohl die Veranlassung zu solchen Sagen gegeben und der Mistel zu hohem Ansehen im Volke verholfen.

Wie kommt denn die Pflanze da oben hinauf? Sie macht es wie die Erdbeere und läßt ihre Samen durch die Vögel verbreiten. Namentlich sind es die Misteldrossel und Verwandte, die ihr diesen Dienst leisten. Das Fleisch der Beeren enthält so viel Klebstoff, daß man aus ihm Vogelleim macht. Es wird im Magen der Drosseln nicht ganz verdaut, sondern nur in eine klebrige Masse verwandelt, die überall haften bleibt, wo sie hinfällt. Gelangt der Same nun auf den Ast eines Baumes, so fängt er an zu keimen, und die Wurzel durchbohrt die Rinde,

Die Miftel.

bringt hinein bis zum Holz und entsendet dort nach allen Seiten hin andere Wurzeln, die unter der Rinde entlang laufen. Aus diesen gehen dann die „Senker" hervor. Das sind ebenfalls Wurzeln, die senkrecht in das Holz eindringen.

Die Miftel ist ein Schmarotzer, d. h. sie lebt von dem Wasser, das sie dem Baume entzieht, vielleicht nimmt sie ihm auch fertige Nahrung weg, da sie aber grüne Blätter hat, so kann sie sich dieselbe auch selbst zubereiten.

In England wird sie am Weihnachtstage als Zimmer=

Miftel auf längsgespaltenem Aft. (¼ nat. Größe.)

schmuck verwandt und vertritt dort die Stelle unseres Tannenbaumes bei der Feier am heiligen Abend. Ganze Schiffsladungen von Mistelzweigen gehen dann aus Frankreich, wo die Pflanze am häufigsten ist, nach London, und man zieht sie schon künstlich in Gärtnereien, um den großen Bedarf zu decken.

---

56. Der Sonnentau, ein Fleischfresser.

Im Moore finden wir eine zierliche und hübsche Pflanze, die den Namen Sonnentau führt, weil sie ohne Sonnenschein nicht bestehen kann, und weil auf ihren Blättern unzählige winzige Tröpflein wie Tautropfen in der Sonne blitzen.

Die Pflanze treibt keinen Stengel, sondern breitet nur eine wunderhübsche Blattrosette am Erdboden aus. Im Sommer erhebt sich aus der Mitte ein Blütenschaft, der eine sperrige Blütenähre mit weißen Sternchen trägt. Es gibt drei Sonnentauarten, die man leicht an der Form ihrer Blätter erkennt: der rundblättrige, der langblättrige und der mittlere Sonnentau. Die Blätter gleichen bei allen kleinen Löffeln. Bei der rundblättrigen Art könnte man sie auch mit kleinen, runden, gestielten Bratpfannen vergleichen. Stiele und Blätter sind auf der Unterseite rot, oben gelblichgrün. Die Oberseite der Stiele und die obere Blattfläche sind besetzt mit roten Drüsenhaaren, die an ihrer Spitze einen hellen Safttropfen ausscheiden.

Wer sollte nun wohl denken, daß das niedliche Pflänzchen ein hinterlistiger Mörder ist! Naht sich ein durstiges Mücklein, das sich an den so frisch und einladend aussehenden Tröpflein erquicken will, oder setzt sich eine kleine Fliege auf das Blatt, um sich im Sonnenschein ein wenig auszuruhen, oder kriecht ein

Käferlein über die Blattfläche, so bleiben die Tierchen mit ihren Gliedmaßen an den trügerischen Tropfen kleben wie an Vogelleim, und nun kommt Leben in das tückische Gewächs. Es ist, als ob die Pflanze mit den Drüsenhaaren wittern könnte, denn diese neigen sich dem auf der Blattfläche gefangenen Tierchen zu und umklammern es von allen Seiten. Nun beginnen die Tropfen ihre Wirkung. Sie bestehen nämlich aus einem unserem Magensafte ähnlichen Stoff und sind imstande, Nahrung aufzulösen, wie es ja auch in unserem Magen bei der Verdauung geschieht. So machen sie denn alle inneren, d. h. alle Weichteile des kleinen Tier-

Rundblättriger Sonnentau.
(½ nat. Größe.)

körpers flüssig, und die hohlen Drüsenhaare saugen diese Flüssigkeit auf, bis nichts mehr da ist als die leere Haut des Opfers. Dann breitet sich das Blatt wieder aus, die Haare geben den Überrest frei, und der Wind führt ihn hinweg.

Man kann den Sonnentau auch mit ganz kleinen Fleischstückchen „füttern", und darum nennt man ihn eine fleischfressende Pflanze. Er ist jedoch nicht einzig in dieser Art, sondern es gibt bei uns und namentlich in wärmeren Ländern noch eine ganze Reihe solcher Mordpflanzen.

Alphabetisches Sachregister.

(Die mit * bezeichneten sind illustriert.)

Abschreckungsmittel 36. 80.
Ackergauchheil 111.
Ackerquecke 113.*
Ackerrettich 56. 106.
Ackerschachtelhalm 163.
Ackersenf 56. 106.
Ackersparf 110.
Acklei 84.
Adlerfarn 161.
Adonisröschen 84.
Affenbrotbaum 102.
Ahorn 39. 41.*
Ährchen 111.
Ähre 114. 149.*
Ährengräser 114.
Ährenrispengräser 114.
Algen 156.
Algenpilze 150.
Alpenrosen 77.
Alpenveilchen 86.
Ameisen 29.
Ampfer 123.
Andromeda 77. 86.
Anis 61.
Apfel 65.
Apfeläther 65.
Appetitfarbe 32.
Aprikosen 65.
Aquarium 13.
Armleuchtergewächse 157.

Aronstab 86. 171.* 173.*
Aster 88. 110.
Atmung 14.
Atropin 83.
Augentrost 92. 111.
Ausläufer 35. 58.
Azaleen 77.

Bakterien 150.
Bambus 114.
Banane 42.
Barchent 101.
Bärlappgewächse 163.
Bartflechten 152. 153.*
Bastfasern 104.
Batist 102.
Bauchpilze 146.
Baumwolle 38. 101. 103.*
Bazillen 150.
Becherflechten 155.*
Becherfrüchtler 99.*
Bedecktsamige 46. 127.
Beifuß 90.
Berg-Wohlverleih 90.
Beschneiden der Wurzeln 23.
Besenginster 69.*
Besenstrauch 69.*
Bickbeeren 78.
Bienen 11. 94.
Bienensaug 90.

Bilsenkraut 81.*
Binsen 48. 120. 123.*
Birke 32. 131.
Birkenpilz 146.
Birkenreizker 145.
Birne 61.* 65.
Birntang 158.
Bittersüß 81.*
Blasenalgen 156.
Blasenstrauch 85.
Blasentang 157.*
Blätterpilze 142.
Blattgrün 12.
Blattkeimer 47. 77. 96. 107.
Blausäure 83. 85.
Blumenbinse 120.
Blumenkohl 55.
Blütenblätter 46.
Blütenhülle 46. 76.
Blütenkalender 133.
Blütenpflanzen 45.
Blütenstaub 23.
Bofist 146.
Bohne 6. 7.* 42. 47. 70.
Braunalgen 157.
Braunkohl 55.
Braunkohle 161.
Brechnuß 85.
Brechwurzel 85.
Brennessel 104.
Brombeere 62. 68.
Brotbaum 42. 102.
Brotschimmel 150.
Brunnenkresse 56.
Buche 131.
Bucheln 36.
Buchsbaum 85.
Buchweizen 42. 74. 98. 100.*
Buschwindröschen 4. 48. 49.*
Butterpilz 146.

Champignon 144.

Datteln 42.
Dickfuß 146.
Dill 61.
Disteln 29. 38. 88.
Dolde 60.
Doldengewächse 58.
Durra 41.

Eberesche 65.
Echte Kastanie 98.
Edelpilz 146.
Edelweiß 90.
Efeu 84. 180. 181.*
Ehrenpreis 92.
Eibe 86. 127.
Eiche 21. 32. 98. 131.
Eicheln 39. 99.*
Eichenwirrschwamm 146.
Eierpilz 145.
Einbeere 86.
Einhäusige 97. 122.
Einkeimblättrige 48. 127.
Entenflott 123.
Erbsen 7. 42. 70. 71.*
Erdbeere 32. 62.
Erdeichel 85.
Erle 32. 126.
Esche 128. 131.
Espe 95.

Farne 161.
Faulbaum 85.
Feld=Champignon 144.
Feldthymian 91.* 92.
Fenchel 61.
Fichte 127.
Fingerhut 84. 86. 92.
Flachs 102. 103.*

Flechten 152.
Flechtenorchis 183.*
Fleischfressende Pflanzen 92. 188.*
Fliegenschimmel 149.
Fliegenschwamm 141.
Flügelfrüchte 39. 41.*
Flußampfer 123.
Frauenflachs 92.
Frauenhaar 160.
Frauenschuh 184.
Froschbißgewächse 123.
Froschlöffel 48. 86. 120.
Fruchtblätter 46. 71.
Fruchtfolge 105.
Fruchtknoten 46.
Fuchsschwanz 113.* 114.

Gartengleiße 60. 84.
Garten-Hortensie 67.
Gartenkerbel 60.
Gartenrose 65.
Gartenschierling 60. 84.
Gefäßbündel 162.
Gefäßpflanzen 163.
Gefäßsporenpflanzen 163.
Geflecktes Knabenkraut 184.
Geißblattgewächse 85.
Gelbe Wurzel 58.
Gemüsekohl 54. 55.*
Georgine 88. 110.
Germer 86.
Gerste 41. 111. 113.*
Gespinstpflanzen 101. 103.*
Getreide 41. 107.
Getreideacker 104.
Gifte 83.
Giftlattich 86.
Giftpflanzen 81.* 83.
Giftsumach 85.
Ginster 71.

Glanzgras 114.
Glockenblume 111.
Glockenheide 76.*
Goldenes Frauenhaar 160.
Goldfische 14.
Goldlack 56.
Goldnessel 91.
Goldregen 70. 85. 130.
Goldstern 117.
Grannen 30. 112.
Gräser 105. 113.*
Griffel 46. 69.
Grünalgen 157.
Grünkohl 54.
Gundelrebe 92.
Günsel 92.

Hafer 41. 111. 113.*
Hagebutten 62. 65.*
Häher 98.
Hahnenfußgewächse 23. 25.* 48.* 84.
Hahnenkamm 92. 106.
Hainbuche 98.
Halbgräser 124.
Halbschmarotzer 92.
Hanf 86. 103.*
Hartbosist 147.
Haselnuß 99.*
Haselstrauch 31. 33.* 36. 97. 126.
Haselwurz 86.
Hausschwamm 146.
Heckenrose 61.
Hederich 56.
Heide 75.*
Heidekorn 42. 100.
Heidekraut 18.
Heidekrautgewächse 74.
Heidelbeergewächse 77.*
Hellerkraut 54.*
Herbstzeitlose 81.* 86. 117.

Brüning, Pflanzenreich.

Heufieber 114.
Hexenei 146.
Hexenpilz 146.
Himbeere 62.
Hirse 41. 114.
Hirtentäschel 54.*
Hohlzahn 92.
Holzäpfel 65.
Honiggras 114.
Hopfen 86. 104.
Hornklee 70.
Hortensie 67.
Huflattich 88.
Hüllblätter 49.
Hülsenfrüchte 42. 71.*
Hundskamille 88.
Hundspetersilie 60. 84.
Hundsrose 61.
Hundsveilchen 58.
Hundswürger 85.
Hutpilze 141.
Hyazinthe 4. 117.

Igelkolben 122.
Ignatie 85.
Immergrüne Pflanzen 17.
Indigo 71.
Insektenbestäubung 25.
Isländisches Moos 153.

Japanische Rose 67.
Johannisbeere 67.
Judenbart 66.
Jungholz 5.

Käfer 29.
Kaffee 85.
Kaiserkrone 86. 117.
Kakaobaum 102.

Kälberkropf 84.
Kalla 170.
Kalmus 121.
Kamille 88.
Kammgras 114.
Kartoffel 5. 36. 37.* 42. 79.
Kartoffelbeere 36. 80.
Kastanie 98.
Kattun 101.
Kätzchen 31. 93.*
Keimblätter 6. 7.* 46.
Kelchblätter 26. 46. 69.
Kernobst 65.
Kiefern 20. 125.*
Kienholz 126.
Kirschen 35. 65.
Kirschensteine 35.
Kirschlorbeer 85.
Klappertopf 92. 106.
Klatschmohn 84. 107.
Klatschrose 84.
Klee 70.
Kleesalz 85.
Kleider der Menschen als Beförderungsmittel 39.
Klette 88.
Klingender Hans 106.
Knabenkraut 164.
Knäuelgras 113.* 114.
Knollen 5. 79.
Knollenblätterpilz 145.
Knospenharz 11.
Knöterichgewächse 98.
Kohl 54.
Kohlensäure 14.
Kohlenstoff 12.
Kohlrabi 55.
Kokosnüsse 42.
Königskerze 92.
Kopfsalat 42. 90.

Kopfweiden 94.
Korallenflechte 154.
Korbblütler 87. 89.* 106.
Korinthen 74.
Korkschicht 17.
Kornblume 88. 89.* 106.
Kornfeld 30. 31.*
Kornrade 85. 106.
Krähenaugenbaum 85.
Krauseminze 91.
Krebsschere 123.
Kreuzblütler 54.* 106.
Kreuzdorn 85.
Kriechende Insekten 27.
Krokus 4.
Kronsbeeren 78.
Kronspelzen 112.
Kroton 84.
Küchenschelle 84.
Küchenzwiebel 117.
Kuckucksnelke 28.*
Kuhpilz 146.
Kulturpflanzen 40.
Kümmel 61.
Kupferkeulen 122.

Labkraut 40.
Lackmusflechte 154.
Lärche 127.
Lattich 86.
Laubfall 16.
Laubmoose 161.
Läusekraut 86. 92.
Lavendel 92.
Lebensbaum 127.
Lebermoose 161.
Leimspindeln 29.
Lein 102.
Leinkraut 24. 25.* 92.
Levkoje 56.

Lichthunger 12.
Liebesapfel 82.
Lieschgras 114.
Lilie 48. 117.
Liliengewächse 86. 115.
Linde 23. 39. 41.* 47.*
Lindenbaum 32. 131.
Linsen 7. 42. 70.
Lippenblütler 90. 91.*
Lockfarbe 32.
Löwenmaul 24. 92.
Löwenzahn 23. 38. 88.
Lupinen 70. 111.

Maiglöckchen 117.*
Mairübe 55.
Mais 42. 114.
Maischwämme 145.
Majoran 92.
Malvengewächse 101.
Mandeln 65. 85.
Mauerpfeffer 174. 175.*
Meerrettich 56.
Mehlbeeren 36.
Mehlschwamm 145.
Meisterwurz 84.
Milchstern 117.
Milzkraut 66. 85.
Minze 91.
Mispel 65.
Mißernte 24.
Mistel 185. 187.*
Mohngewächse 84. 107.
Möhre 59.*
Mohrrübe 59.*
Moor 160.
Moosbeeren 79.*
Moose 158.
Moosling 145.
Morastheidelbeere 78.

Morchel 146.
Morphium 83.
Most 74.
Mücken 173.
Mummeln 118.
Muffelin 101.
Mutterkorn 149.*

Nachtschattengewächse 79. 81.* 84.
Nachtviole 56.
Nacktsamige 46. 127.
Nadelhölzer 18. 46. 124.
Nährstoffe 12.
Narbe 46.
Narzissen 48. 86.
Nelken 85. 106.
Nieswurz 52. 84.
Nikotin 82.

Ödungspflanzen 20. 92. 175.
Oleander 85.
Opium 84.
Orchideen 48. 183.*
Orchis 184.

Palmen 42. 48. 131.
Palmweide 93.
Pappel 38. 95. 126.
Pastinake 60.
Petersilie 60.
Pfahlwurzeln 23. 126.
Pfeffer 101.
Pfefferminze 91.
Pfeifenstrauch 67.
Pfeilgift 52. 84. 85.
Pfeilkraut 120.
Pfennigkraut 56.
Pfifferling 145.
Pfirsiche 65.
Pflanzengifte 86.

Pflaumen 35. 65.
Pflaumensteine 35.
Pilze 84. 86. 95. 141. 148.
Pinselschimmel 150.
Platterbsen 70.
Pollen 31.
Poren 15. 20.
Porzellanblume 66.
Preißelbeere 78.
Primel 4. 19. 21.* 86.
Proteïnstoffe 42.
Purgierkroton 85.

Quecke 113.*
Quellmoos 161.
Quendel 92.
Quitte 65.

Rachenblütler 90. 92. 106.
Radieschen 5.
Rainfarn 88. 89.*
Randblüten 87.
Ranken 72.
Raps 54.
Rapskohl 54.
Raupen 29.
Raygras 114.
Reben 73.*
Rebengewächse 72.
Reis 40.
Renntierflechte 154.
Rettich 4. 56.
Rhabarber 101.
Ried 121.
Riedgräser 124.
Riesenampfer 123.
Rispe 113.*
Rispengräser 114.
Rittersporn 52. 84.
Rizinus 84. 85.

Robinie 71. 85. 130.
Roggen 41. 105. 113.*
Röhrenblüten 87.
Röhrenpilze 146.
Rohrkolben 48. 121.*
Rosen 29. 61.* 65.*
Rosenartige 61. 84.
Rosenkohl 55.
Rosinen 74.
Rosmarin 77. 92.
Rosmarinheide 77.
Roßkastanie 9.* 36. 130.
Rostpilze 150.
Rotalgen 157.
Rotbuche 98.
Rotdorn 62.
Rottanne 22. 127.
Rübe 4. 42.
Rübenkohl 54.
Rüböl 56.
Ruchgras 113.* 114.
Ruhrkräuter 90.

Saatwucherblume 88. 106.
Sadebaum 86.
Salbei 92.
Salweide 93.* 95.*
Satanspilz 146.
Sauerampfer 100. 122.
Sauergräser 48. 115.
Sauerklee 85.
Sauerstoff 14.
Savoyerkohl 55.
Schachblume 117.
Schachtelhalm 161.
Scharbock 52.
Scharbockskraut 52. 84.
Schattenpflanzen 167.
Scheibenblüten 87.
Scheinschmarotzer 182.

Schierling 60. 84.
Schilf 114. 119.*
Schilfrohr 121.
Schlafmohn 84.
Schlehe 65.
Schlüsselblume 86.
Schmarotzerpflanzen 13. 92. 187.
Schmerling 146.
Schmetterlingsblütler 24. 68. 85.
Schnecken 29.
Schneeballstrauch 85.
Schneeglöckchen 4.
Schöllkraut 84.
Schotenfrüchtler 54.
Schuppenwurz 92.
Schüsselflechte 153. 154.*
Schutzfärbung 36.
Schwarzdorn 62. 65.
Schwarzer Nachtschatten 81.*
Schwefelkopf 145.
Schwellkörperchen 112.
Schwertlilien 122.
Seerosen 118.
Seggen 124.
Seidelbast 86.
Sellerie 60.
Senfkohl 54.
Senker 187.
Simsen 124.
Skorbut 52.
Sonnenblume 87. 88.* 110.
Sonnenlicht 12.
Sonnentau 188. 189.*
Spaltpilze 150.
Spanischer Pfeffer 82.
Spargel 118.
Speisekammer 4. 79.
Speiseschwämme 146.
Speiteufel 144.
Spelzen 111.

Alphabetisches Sachregister.

Spitzkeimer 48. 105. 117.
Splint 5.
Sporen 142.
Spreublättchen 87.
Stachelbeere 67.
Staubbeutel 46.
Staubblätter 46. 69.
Staubfäden 46.
Staubkätzchen 94.
Stechapfel 81.* 84.
Steinbrechgewächse 66.
Steinklee 70.
Steinkohlen 164.
Steinobst 65.
Steinpilz 146.
Stempelkätzchen 94.
Stiefmütterchen 57.* 111.
Stinkmorchel 146.
Stockschwamm 145.
Stoppelpilz 145.
Strahlenblüten 87.
Strandhafer 114.
Strandroggen 114.
Strychnin 83. 85.
Studentenröschen 67.
Sturmhut 52. 84.
Sumpfdotterblume 19. 51.* 84.
Sumpfheide 76.*
Sumpfherzblatt 67.
Sumpfporst 77. 86.
Sumpfschilf 124.
Süßgräser 48. 111.
Süßholz 71.
Syringe 131.

Tabak 81.* 84.
Tanne 22. 39. 126.
Tannenbaum 18. 32.
Taubnessel 90.
Taumellolch 86. 113.*

Tausendschön 88.
Tauwurzeln 23.
Taxus 127.
Tee 85.
Teichrose 118.
Teltower Rübchen 55.
Thymian 92.
Tiere als Beförderungsmittel 39.
Tollkirsche 81.*
Tomate 82.
Torf 161.
Torfmoos 160. 161.
Traubenkirsche 85.
Trespe 114.
Trüffeln 23. 146.
Tulpe 3.* 115.

Überpflanzen 183.
Unvollständige Blüten 94.
Upasstrauch 85.
Urwaldbewohner 183.

Vanille 184.
Veilchen 4. 84.
Veilchengewächse 56. 57.*
Veredelung 66.
Vergißmeinnicht 24.
Vielkeimblättrige 127.
Vogelbeeren 65.
Vogelknöterich 100.
Vollständige Blüten 69.
Vorratskammern 4.

Wacholder 127.
Wald 128.
Waldrebe 84.
Walnuß 36.
Wandflechte 153. 154.*
Wasseraloë 123.
Wasserfäden 157.

Wasserfenchel 84.
Wasserhahnenfuß 52. 177.*
Wasserknöterich 100.
Wasserleitungen 20.
Wasserlinsen 123.
Wassernabel 84.
Wasserpest 13. 15.* 118.
Wasserrosen 118.
Wasserschierling 60. 84.
Wasserverdunstung 18.
Wasserviole 120.
Weide 38. 93. 95.
Weidenbaum 93. 96.*
Weihnachtsrose 52. 84.
Weintrauben 36. 73.*
Weißdorn 62.
Weißkohl 42. 54.
Weißtanne 127.
Weizen 40. 111.
Welschkohl 55.
Wicken 70.
Wiesenhafer 113.*
Wiesenrispengras 114.
Wiesenschaumkraut 53.*
Wiesenschilf 124.
Wiesenschwingel 114.
Wilder Jasmin 67.
Wind 29.
Windblütler 32. 95. 97. 104. 107.

Winden 85.
Windröschen 84.
Wirsingkohl 55.
Wolfsmilchgewächse 84. 85.
Wollgras 38. 113.* 115. 122.*
Wollkraut 92.
Wucherblume 88.
Wurmfarn 167. 169.*
Wurzelhärchen 11.
Wurzeln 3.
Wurzelstock 4. 50. 80.

Yamspflanze 42.

Zeder 127.
Zehrwurzel 174.
Ziegenlippe 146.
Ziest 92.
Zimmerpflanzen 16.
Zittergras 113.* 114.
Zitterpappel 95.
Zuckerrohr 114.
Zunderschwamm 146.
Zweihäusige 94. 104.
Zweikeimblättrige 127.
Zwetschen 65.
Zwiebel 4. 80. 115.*
Zwiebelgewächse 4.
Zypressen 127.